黑色費思卡

二十杯葡萄酒的意亂情迷故事集

邱挺峰 著

Fetească Neagră

Twenty Glasses of Story

獻給在不同時空中，
與我共度這些記憶和片段的人們

推薦序

如果語言是葡萄酒？

楊子葆，台灣駐愛爾蘭大使

在都柏林大雪紛飛的一個星期天，我認眞讀了二十篇沒頭沒尾、彷彿就是從落落長故事中間隨意掐出一段、只爲記錄一種稍縱卽逝感覺的短篇小說。什麼感覺？文藝腔一點地應答，就是《幽夢影》所寫「萬事可忘，難忘者銘心一段；千般易淡，未淡者美酒三杯」的感覺。但因爲現在派駐在這座偉大的文學之都，我更傾向將這本小說集描述成喬伊斯收錄十五篇短篇小說《都柏林人》的二十一世紀背景模糊、時空混亂之新版，一方面片斷、多元、意識流，充滿歧義甚至衝突，使用多種語言與龐雜知識而讓人有些微的閱讀障礙；另一方面卻又一派輕鬆、生動，刻意地使用運鏡、燈光、剪接，甚至音響、特效等電影化技巧讓「隨酒逐樂任意去」的流動紋理躍然紙上，一點也不無聊——怎麼說？這些吉光片羽式的短篇小說活潑引領讀者與自身生命經驗對照，進入一個有趣的意義生產過程，而非僅對滿載意義的作品單向解讀。一言以蔽之，這本書絕不宜像我這樣認眞地一口氣讀完，而應該斷斷續續，讀幾段放下，過一陣子再拾起，跳著讀，倒著讀，回頭再讀，不按牌理地讀，歐陽修的「三上」讀書法：枕上、馬上、廁上，就是這本小說集最佳閱讀方式。

不過卽使讀者從善如流「三上」讀小說，也不保證都能讀懂，因爲我們無法擺脫語言文字溝通的本質侷限。村上春樹在《如果我們的語言是威士忌》（日文版一九九九，台灣時報文化中譯版二〇〇四）書裡，曾這麼感嘆：「如果我們的語言是威士忌，當然，就不必這麼辛苦了。我只要默默伸出酒杯，你只要接過去安靜地送進喉嚨裡去，只要這樣應該就成了。……但是很遺憾，……我們住在只有語言的世界。我們只能把一切事物，轉換成某種淸醒的東西來述說，只能活在那限定性中。」

把村上春樹感嘆中的「威士忌」，換成「葡萄酒」，近乎自己對於《黑色費思卡——二十杯葡萄酒的意亂情迷故事集》難以清醒讀懂的感嘆。

葡萄酒多變而複雜，很像威士忌。但威士忌人爲介入痕跡比葡萄酒更多更明顯。因爲酵母常可自然存在於葡萄表皮的白色果粉中，果實裡的糖故而發酵轉化爲酒精——葡萄酒因爲可以自然生成而很可能是人類歷史中最早出現的酒精飲料。所以美國開國元勳富蘭克林才會說：「葡萄酒是上帝愛我們的證據。」

上帝愛我們，證據充足；而我們呢？我們愛上帝嗎？我們愛其他人嗎？或者，我們愛自己嗎？我們也能在葡萄酒裡發現或推理出愛的逆向證據嗎？面對這類問題，有時候小說比正襟危坐的哲學書籍更能提供線索。

但我誠心提醒，這本小說集裡關於葡萄酒的知識實在太精闢豐富了，豐富精闢到很容易讓人心生信任，而信任是讀小說最危險的事，「盡信書，則不如無書。」現成的知識就像標籤，駸駸然塑造刻板印象，反而妨礙了眞實的感覺。美國小說家亞莫爾．托歐斯的《莫斯科紳士》（英文版二〇一六，台灣漫遊者文化中譯版二〇一九）裡有一個絕妙隱喻——布爾什維克把飯店酒窖裡上萬瓶葡萄酒的酒標統統撕掉，以求平等。男主角伯爵因此覺悟：葡萄酒「像國家或個人一樣，獨一無二，層次複雜。顏色、香味、口感，在在表現產地特殊的地理環境與氣候特性。除此之外，也表現出釀造年份的整體自然現象……。」捍衛葡萄酒的非標籤化個性卽是捍衛個人主義，捍衛一個獨立之人非概念化的複雜與多變，捍衛純粹非條件式的愛與不愛。

所以，我們不但要斷裂、踰矩地讀，也不妨不怎麼信任地、批判地，疏離地去讀，去質疑、去解構、去顛覆那些可能被刻板化、標籤化、庸俗化了的生命表象，甚至無限延伸胡思亂想再創造。這些，其實是讀小說的最大樂趣。

既然閱讀的目的是質疑、解構、顛覆，以及想像再創造，那麼語言文字侷限性就不再是無可逾越的界限，未必缺點，竟是個可以接受與理解的特點，甚至是優點：道可道，非常道，常道在似懂非懂之間。如果微醺比清醒更美好，如果剎那可以昇華成永恆，那麼，語言其實不必非得是葡萄酒。放輕鬆讀小說吧。

和喬伊斯《都柏林人》很像，《黑色費思卡》作者喜歡在每一篇小說的結尾以一種不易懂、往往使用中文讀者不那麼孰悉的外國語言——常常是法文——提出「靈光乍現」的開放性餘韻，很難理解，也很像葡萄酒。我個人很欣賞這種風格，於是借用法國文豪伏爾泰名言作爲這篇推薦序的結語：Le secret d'ennuyer est celui de tout dire.（令人感到厭倦的祕方，就是全盤道盡。）

目次

005 推薦序　如果語言是葡萄酒？　楊子葆，台灣駐愛爾蘭大使

012 前言・關於這本短篇小說集

017 我愛老大哥　Moscato d'Asti
027 黑色費思卡　Fetească Neagră
035 像是瓷器一樣微微地泛著光　Cahors
043 有如人之一生　Château Haut-Brion（1982）
055 福爾摩斯如是說　Alsace
073 銀河戰爭　Bourgogne Rouge
085 請喝我　Lacrima e Visciole
101 漫長的告別　Louis Roederer Cristal（1977）
121 到底有多少男人曾經被問過這個假設性問題　Trockenbeerenauslese

133 將軍 Krug（1914）
153 費樂年 Falernian
175 眞善美 Screaming Eagle（1992）
195 乒零乓啷、咕嘟咕嘟、稀里嘩啦 Côte de Nuits
209 黑暗之心 Brunello de Montalcino（1980）
231 金魚酒 Palo Cortado（1969）
245 白晝美人 Aligoté
261 荏苒 Rénrǎn, Níngxìa Hèlánshān
289 迪德羅斯的微笑 Graciano
317 皇帝的晚宴 Pétrus（1945-1947）
343 百年孤寂 Cien años de soledad
389 後語・多重的人生・永恆的迴歸

前言・關於這本短篇小說集

這裡的短篇小說大部分是我在寫長篇小說《擴散，失控的DNA》時順便寫的。裡面的內容一部分是我自己的親身經歷，一部分是朋友的故事，其他則是在腦子裡的一些零星片段改寫而成。前後斷斷續續大概花了不到兩年的時間，二〇一七年時又繼續寫了九個月左右，二〇一九年又補充了一個故事進去。

某種程度上，我一直覺得寫長篇小說像是在跑馬拉松，像是一種漫長的享受與磨煉。而寫短篇小說就像是在跑馬拉松時緩下腳步時的路邊自然風光，裡面的許多篇章都是我自己轉換心情的某種風景，有點像在度假般的感覺。我在**這些短篇中做了許多現在看起來都還是很任性但有趣的事情**，我用我自己的一些片段記憶，嘗試了以「人酒關係」與爲主題，寫了各種不同類型的短篇小說，包括驚悚小說、武俠小說、科幻小說、偵探小說、愛情小說、幻想小說、歷史小說、魔幻寫實小說、與恐怖小說等。不像寫前一本長篇小說的那種巨大的痛苦與快樂夾雜，我覺得這本書反而像是順手完成的，一切信手拈來，我玩得很盡興，每一篇都讓我非常開心，而且結果也讓我自己成長了不少，可以說是一本充滿快樂與回憶的小書。

這本小說集用的是一種我稱爲「主題系列短篇」的形式寫的。通常這種形式會選擇一個大主題，裡面每一個短篇都會圍繞著這個大主題而各自獨立開展故事，許多電影短片集都會用這種形式製作。這種形式並不是一個什麼新的構想，重點在於「那個主題是什麼」，還有是不是能夠把它們詮釋與整合得很巧妙。例如：村上龍先生就曾經用料理、棒球、電影、爵士酒吧爲主題，寫了好幾本非常棒的短篇小說集。

對我而言，寫一本「主題系列短篇小說」的念頭其實很久很久之前就存在了。我記得那是我大學二年級暑假的事情，當時我瘋狂地迷上了披頭四（The Beatles）

的音樂，可以輕易唱出所有披頭四的熱門歌曲（現在也還可以）。然後有一天我忽然想到，或許我可以用披頭四（或寵物店男孩）的歌名作爲篇名，寫一系列以都會生活爲主題的短篇小說集，而書名就叫做《Penny Lane》或《The fool on the hill》之類的。

雖然到現在爲止，那個披頭四的構想始終沒有付諸實現，甚至完全還沒開始（只是買了兩本 The Beatles 的傳記而已）。但現在我能用這種「主題系列」的形式，完成《黑色費思卡》這本短篇小說集，多少讓我有些如願以償之感。

二〇一九年六月十七日於台北家中

我愛老大哥　Moscato d'Asti

「我想喝 Moscato d'Asti[1]。」沖完澡後她把身體擦乾，縮到被窩裡說。

女孩是在美國主題展裡認識的。她常常幫一個美國酒商做促銷員，負責穿上漂亮性感的衣服，拿著加州的酒對參觀者微笑。我們隔一陣子就會約會，見面吃飯，然後到旅館做愛。她的身材漂亮，皮膚很好，腿的線條也很美，年輕美麗而充滿了各種可能性。如果要用酒來形容的話，應該就是新世界的夏朵內（Chardonnay）吧。至於她爲什麼會忽然想喝 Moscato d'Asti，我完全不知道，我甚至懷疑她知道那是什麼。

「Moscato d'Asti。」我用義大利文與英文的發音各說了一次，雖然兩個發音很像，只是重音有點不同，而且義大利文會再堅決一點。「你確定是Moscato d'Asti。」

「是的，就是這個，冰冰涼涼的Moscato d'Asti。」她露出無辜的眼神看著我，她知道我無法抵抗這樣的表情。

我看看手錶，時間還很充足，應該還可以一起喝酒溫存一下。於是我穿上衣服下樓，在大廳找了旅館的門房（Concierge），先塞了兩張鈔票給他。

「不管怎樣，隨便給我一瓶這個酒就可以了。」我一面拿起他桌上的筆，仔細地把酒的拼法寫在他桌上的便條紙上，確認他了解我要什麼。

「義大利的嗎？」

「嗯……是的，這是皮耶蒙特（Piemonte）產區的一種微甜氣泡酒，酒精度很低，有點像是清爽的果味汽水，常被人稱爲……」我有點緊張，因此講話聲音有點怪。

「那簡單，跟我來就可以了。」門房打斷我，把我給他的鈔票對折收在背心口袋裡，轉身帶我到旅館的電梯。他拿出一張特別的卡，接著按了一組有點複雜的密碼，電梯過了最底層後繼續向下了幾層，門打開裡面是一個非常明亮像是地鐵站的地方，然後從褲子口袋裡拿出兩枚上面有狼與星星圖樣票的代幣，連同把我寫的那張便條紙塞還給我。

「去第四站，記住，不是第三站也不是第五站哦。」他慎重的看著我的眼睛點頭，確認我聽得懂他說什麼。

「那裡眞的會有 Moscato d'Asti 嗎？」我一面點頭，一面懷疑地問著。

「當然，所以我們才會到這裡來啊。」他做了一個乾脆而直接的回答，然後露出一個像是投手三球把打者三振的得意表情。

爲什麼旅館底下會有一個像地鐵站的地方，我也不清楚。總之電車很快就來了，我把代幣投到閘門的檢票機裡，上了車找個位子坐了下來。前三站分別是美國、西班牙、和法國。美國站牆上有自由女神的相片，而西班牙與法國分別是聖家堂與埃菲爾鐵塔。

第四站的義大利則是羅馬競技場的相片，我下了車走出閘門，裡面是一個像很大圖書館一樣的幽暗的酒窖，四周放著許多酒與書，正面牆上寫著幾句像是標語式的東西。房間中間有一副桌椅，桌上放著像圖書館裡面才有的綠色檯燈和泛黃的泰晤士報，椅子上坐著一個帶著黑色眼鏡的年輕女孩，正在看喬治·歐威爾的《一九八四》。

我把我寫的那張便條紙遞給他，「我要一瓶 Moscato d'Asti！」我說。

她好像對我要什麼一點都不在乎，看了看紙條，頭也不抬的把手向後一指，背後牆上有張相片與標語，相片中的人留著八字鬍，像位德國將軍，眼光嚴峻的看著我，而三行標語寫的是：

War is peace.　戰爭即和平；

Freedom is slavery.　自由即奴役；

Ignorance is strength.　無知即力量。

爲什麼在酒窖裡會有這樣的佈置，我完全沒有頭緒。空氣中雖然瀰漫著酒窖應有的味道，但仍然有一股不現實的感覺。我呆呆的看著牆壁，腦中拼命地回想著《一九八四》的故事情節：史密斯．溫斯頓（Smith Winston）因爲背叛老大哥被抓進仁愛部（the Ministry of Love），後來被拷問改造放了出來，每天在栗樹咖啡廳喝著加了糖精而帶有該死的丁香味杜松子酒。

「我問你，2＋2等於多少？」他把塗著亮片指甲油的手在我的面前比了兩下，閃亮的指甲油光把我拉回現實來。

「2＋2＝4，但……」我遲疑了一下，然後試著這樣回答他：「……老大哥說是3就是3，說5就是5，有時候也可以是345。」

她像是很滿意的樣子點了點頭，然後把書闔起來，站起來從身旁冰箱裡拿出一個冰凍過的保溫袋給我，走到身旁的一個架子，取出一瓶酒給我確認。最後仔細問了我的旅館名、房號，用鉛筆把日期和號碼登記在一本陳舊的本子上。

「你愛老大哥嗎？」女孩一瞬間露出一個溫柔的眼神問我。
「噢，當然。」我回答她。
「這樣回答是不行的。」女孩說。
「我愛老大哥。」我用誠摯的眼神堅定地回答。
女孩熟練的把 Moscato d'Asti 裝到保溫袋裡，封好後把酒遞給我，同時看了看牆上的鐘一眼，然後又恢復到原來的事務性的表情，低頭回到她的小說中去了。
「這樣就可以了嗎？」我問女孩。
「是的。」女孩頭也不抬的回答。

我坐上回程的電車，把另一枚狼與星星代幣用掉，拿著酒回到了房間。房間桌上留著一張紙條，紙條有點濕，上夾著一個像是洗澡用的褐色髮夾：「你跑去那裡了？公司忽然有事，我先回去了，下次再出來吧。」

我嘆了一口氣，在沙發上坐了下來，把電視打開，動物頻道正在播一隻河馬與一隻鱷魚的友誼關係。我摸了一下那瓶 Moscato d'Asti 酒瓶，溫度還很冰涼，於是把櫃子裡的杯子拿出來，一面看著巨大而無聲的電視，一面想像著睡在浴缸裡的男人，醒來時發現自己的性慾已經和鳥一起飛走時的表情[2]，然後一個人默默地把這瓶酒喝完。

這瓶 Moscato d'Asti 流露出了簡單清爽優雅的風情，清澈的液體中有著杏桃與一點荔枝的香氣，淺亮金黃的色澤中洋溢細緻的氣泡，微甜略膩的口感，正是典型的這個酒的味道。這是一個簡單易飲而且不太會有意外的酒。不像在某些年代，連喝口酒都像是一場冒險。

但其實有時候我們就只是在追求這樣的東西，也就是**所謂的平凡人生與簡單的幸福。**

那裡面有著清楚的關係、單純的工作、確實的擁抱、率直的個性、乾淨的床單、麵包的香

味、中等的異性對象、布爾喬亞的家庭、掌握在手中小小的溫暖光芒、以及拿著書在公園曬太陽的日子。雖然不知道這是歡樂還是哀愁，不確定是快樂還是自我安慰，或許都有也不一定。**但人生就是這樣，真正的幸福其實也不過是一半的快樂和一半的知足而已。**

註

1 一種以 Moscato bianco 葡萄品種在義大利 Asti 地區生產的氣泡酒。易飲，低酒精度數是其特色。

2 此為披頭四《挪威的森林》歌詞中的情景，歌詞中的「鳥」是指女人的意思。

黑色費思卡 Fetească Neagră

「**其實，我的男朋友是吸血鬼**。」女孩趴在我身上，一面玩弄她的頭髮時候說。

「你是說你那個德國男友嗎？」我說。

「說是德國人，但其實他是羅馬尼亞人。」

「那他吸你的血嗎？」我開玩笑地問。

「沒有，他說吸血鬼也可以不吸血啊，只要喝一種叫黑色費思卡（Fetească Neagră）的葡萄酒再配上生馬肉就可以了。」

「黑色費思卡是什麼？」

「一種羅馬尼亞的葡萄品種，釀出來的酒是濃稠的暗紅色的，你不知道嗎？」

「眞是沒聽過的品種啊。」我把手放在她光滑的背上，她有點不安分的扭動了一下。

「他在德國海德堡大學唸生化博士時做研究時，無意間發現黑色費思卡和人血有一種共同的成份。」她忽然變小聲說：「他還說這個發現應該可以得到相當於吸血鬼界的諾貝爾醫學獎，而且他已經申請專利了。」

「那生馬肉呢？」我問。本來以為她是開玩笑的，結果越聊越眞實，讓我不禁有點緊張。

「好像只是作為配餐提味用的，馬肉有咬感，味道又像人血。」她說：「我也沒試過。」

她是我在西區的一個藝廊開幕聯誼酒會中認識的女孩。那天是一個非洲未來派畫家的展覽，之後接著是南非酒的酒會。由於喝的酒都來自於不出名的小產區，而號稱頂級的甜酒也不是Vin de Constance。結果整個活動都變得像在聯誼一樣，大家對台上介紹的都興趣缺缺。我和她聊了一會兒，互相有些好感，後來我們就常約出來喝酒，然後就發展出更進一步的關係。她大概三十歲左右，是個皮膚光滑白皙、身材豐滿、五官立體，愛喝老年份香檳的女孩。個子不高，個性有點古靈精怪，在一間網絡公司的公關部門工作。

「那你男朋友是做什麼工作的？」

「他是牙醫，在市中心開了一間診所，專門服務吸血鬼。」她得意洋洋的說：「而且他只看有高額商業健康保險吸血鬼的牙齒，生意非常好呢。」

「吸血鬼也會蛀牙啊？」

「是啊，而且**聽說沒有比蛀牙的吸血鬼更麻煩的事情了**。」

我歪著頭想一下吸血鬼穿著黑袍坐在牙科患者座椅上打開嘴巴治療的情形，然後說：「世界上有很多吸血鬼嗎？」

「到處都有啊。像是美劇裡面演的，從政黨領袖、建築工程師、網紅模特兒、小說家、山林巡查員、到大學教授都有。他告訴我過一個大概比例，但我忘了。他們和我們一樣，也會坐飛機、算命、和領失業補助金啊。」

「那……你們是怎麼認識的？」

「和你一樣是透過聯誼活動認識的。」說完她坐了起來，把她大波浪的頭髮綁起來，空氣中散發著她身上和頭髮香甜的味道。她知道她綁頭髮的時候非常的性感，雙手挽在脖子後面，可以完全地展露她漂亮的身體線條，我靠著床頭從下向上看著，不禁吞了口口水。

「他說我在知道他是吸血鬼後仍然願意和他在一起，他很感動。因此他決定不吸我的血。」說完她彎下腰讓我仔細看了一下她鎖骨上面脖子的地方，這裡也和她的身體一樣光滑無暇。

我忽然感到一陣莫名其妙的嫉妒，把手伸到床旁背包裡想找看看有沒有香煙，結果什麼都沒有，只找到打火機和上個月看了一半的波爾萊特《惡之華》（Les Fleurs du mal）。

「你有什麼可以喝的嗎？」我說。

「你要喝黑色費思卡嗎？我冰箱還有一瓶，不過沒有生馬肉哦。」

說完她有點興奮連衣服都沒穿就跳起來到廚房去，從冰箱拿了一個用淡色牛皮紙包得非常緊密的瓶子回來。牛皮紙上不知道爲什麼貼著寫有「利尻小金井」的藍白色菱形家徽貼紙，打開後裡面有一瓶黝黑燙金的酒，金色的三角形上面有個像「全知之眼」的奇怪符號，產區年份標示什麼的也都有，只是上面寫著幾個像是咒語般的文字，看起來確實是很有氣勢。

由於她家沒有像樣的杯子，我們只好拿水杯來喝。

「他是一個嫉妒心很強的男人，而且最近越來越嚴重，聽說好像所有男的吸血鬼都這樣，**所以你自己要小心一點噢**。」她倒了兩杯，然後端了一杯給我。酒的溫度實在有點低，杯壁很快的凝結了一層水氣。

「小心?小心什麼?」

「沒什麼，應該沒問題的，Noroc！」她拿起杯子用羅馬尼亞語說乾杯。

「呃……乾杯。」我喝了一口，正想告訴她這個酒給我的感覺的時候，門口傳來了一段急促的電鈴聲。

她看了我一眼，臉上露出十分驚恐的表情，左手直覺地拿起被單蓋住她的身體。我也嚇了一跳，拿著杯子的手不禁顫抖了一下。我低頭看了手上的酒杯，在搖晃的血色般酒液中，我驚慌的臉也在裡面不自然地扭曲著。

這是個果味不多的酒，裡面有木頭、泥土、香料、熟梅子、生肉、和微甜藥渣的味道，確實反應了一些冷涼大陸氣候的葡萄酒特色。其中以藥草、泥土與香料的主調中透露出些許黑闇潮濕土地的氣息，緊密而不細緻的單寧，格局不大且結構粗放，但令人訝異的是，裡面的平衡感出乎意料的好。

未知的東西是不可以用道理與味道來衡量的，就像我們無法用圓規與尺來理解宇宙或上帝一樣。這個酒有著有一點磚紅的血色，黯淡而粘稠，在昏黃的燈光下，仿佛是一個有古老生命的神秘液體，裡面隱藏了我們所未知的、超越常理、與秩序的魔幻力量。

Tuesday.
C.W.Huang.
8.3.2021

像是瓷器一樣微微地泛著光

Château Haut-Brion（1982）

從戴高樂機場（CDG）轉機要去波爾多的時候，我在機場的餐廳遇到了她。

舊戴高樂機場是一個像太空城結構的機場，有著各種奇怪的管道、電梯和複雜的通道彼此連結，每次去我都會被弄得頭暈腦脹，也只有法國人會用這種超現實未來主義的前衛設計。但這裡的優點是到處都可以買到便宜又好喝的紅酒，即使是在半夜，機場餐廳也有不錯的法式簡易餐飲和甜點供應。

轉機時間非常充足，而且因爲時差還沒渡過的緣故，我在登機門附近的餐廳點了半瓶夏山蒙哈榭（Chassagne Montrachet），看著史考特·費滋傑羅（Scott Fitzgerald）的《夜未央》（Tender is the night），點了一個麵包和起士準備當早餐吃。

機場餐廳的選酒、杯具、侍酒一點也不含糊，配合背桿挺直圍著黑色小圍裙的驕傲侍者，**完全像是在傳達法蘭西文明與生活信念的感覺**。

「請問……你是去波爾多嗎？」她用英文與日文各問了我一次。

「嗯……你是？」我用日文回答她。

「因爲我剛才在飛機上看到你，但我又不懂法文，沒辦法找別人。所以只好冒昧的請你幫我這個忙。」她把墨鏡摘下來，一面用一種很有教養的口吻說。

我看看她，茶色的細長眼睛，長得很漂亮，身形很單薄，穿著深色質感良好的羊毛上衣，皮膚非常的白，彷彿是透明的那種白，如果仔細看好像都可以看到身體的血管。三十五歲左右吧？現代科技使得女人很難猜測年齡。

她拿出一瓶一九四九年 Château Haut-Brion（歐布里雍堡）放在桌上，然後附上一個看起來就是在機場免稅店買的 Laguiole 侍酒刀，牛骨的手柄，看起來也是價值不菲。雖然在機場免稅店可以買到酒刀好像有點奇怪，但現在或許不是思考這件事的時候吧。

我請她坐下來，然後請餐廳侍酒師幫我加一個杯子斟上了酒。雖然什麼都還沒講，但是請女士坐下來就是必須有這些動作與配套，這也是文明生活的一部份。

「我是來把這瓶酒倒到吉倫特河（Gironde）裡的。只是家裡忽然有事，我必須回去了。」她用一種很自然的語調說著，像是吉倫特河只是她家後院附近一條小溪的感覺。

我仔細看了一下那瓶 Château Haut-Brion。整瓶酒一副歷盡滄桑的樣子，酒標破成一塊塊的，瓶身上面則有許多很明顯的刮痕，沒有碎應該是個奇蹟吧，整瓶酒用著像是保鮮膜一樣的東西細心包紮過了，封口也很完整。其它沒有什麼特別奇怪的地方，看起來就只是一瓶劫後餘生而被細心呵護的老酒。

但一九四九年，就算這樣的保存，應該過了適飲期了吧。

我告訴她我的名字，然後說我不是日本人，也只是懂一點日文（其實她應該立刻就知道了）。她則告訴我她名字叫鈴木眞弓（Suzuki Mayumi），是京都人，這瓶酒救了她父親的兩次命，父親希望過世後，這瓶酒能返回它自己的故鄉。如果我願意幫她這個忙，她願意付給我一點酬勞。

「沒問題，而且你不用給我酬勞，只要改天請我喝酒就可以了。」我說。

我們交換了聯絡方式後，沒多久她就上飛機了。我的酒店訂在波爾多市區，晚上還特別坐電車到皮耶橋（Pont de Pierre）附近，我走到水鏡（Le miroir d'eau）廣場旁邊，悄悄地從河岸把酒倒到加隆河（Garonne）裡，還照了幾張相給她看。雖然酒不是倒在吉倫特河裡，但反正再過幾公里就會流到那裡了。而且其實加隆河離 Château Haut-Brion 比較近。還有我爲了打開這瓶酒，另外買了一個老酒開瓶器（Ah-so），一個人坐在路邊椅子上，湊著橋上微弱的燈光，著實費了一些功夫才打開了這瓶酒。老先生若地下有知，應該不會計較這個吧，我想。

後來我去日本的時候都會約她出來喝酒見面，我當然也把那個酒瓶帶回去給她作紀念，而那支牛骨的 Laguiole 開酒刀就成了我的收藏。鈴木小姐的味覺非常的敏銳，可以辨別出許多味道細微的差異，很有天分。同時她也是個很有教養的富家千金，有著優雅的談吐與餐桌禮儀，出入都有帶著白色手套的司機接送。聊天時她從不談她家裡的事情，也不過問我任何私人的問題，甚至連老先生如何被那瓶酒救了兩次的故事都沒有跟我提起過。她就像是有些極爲乾瘦骨感（bone-dry）的松塞爾（Sancerre）白蘇維翁（Sauvignon Blanc）一般。透明、清澈、細緻、緊緻、在花香、白桃之中帶有一點含蓄的礦物與難以形容的內斂滋味，還有一些讓人難以摸透的神秘與緊張感。

有一年冬天，她帶了瓶一九八二年的 Château Haut-Brion 飛來台北來找我，她告訴我她有兩箱這個年份的，最近她打算喝一瓶，所以找我一起喝。由於她在城裡住的設計師精品旅館裡面沒有醒酒器，我們只好找了一個漂亮的玻璃水壺代替。

醒酒期間我們很自然的開始擁吻，之後做了兩次愛，她的身體柔軟細緻，白色的肌膚像是瓷器一樣微微地泛著光。我非常努力的抑制我對她的慾望，配合著醒酒需要的時間，輕輕地親吻著她，直到最後才進入她的身體，然後慢慢地到達最後的終點。

充分醒酒后，這瓶酒展現了有如偉大王國般的氣勢，架構完整而緊實，像是可以容納下所有的東西一樣的胸懷與氣量。杉樹、雪茄盒、香料、皮革、黑莓果、熟櫻桃等各種味道，構成了許多不同的層次和變化，**這些東西在它構成的空間裡盡情交織開展著，仿佛這瓶酒自身就是一個系統、一部史詩、一個世界、一個宇宙，有著戰爭與和平、秩序與平衡、過去與未來、開始與結束，有著萬事萬物，一切與所有的東西。**

有如人之一生 Cahors

「酒不是用甕而是用木桶裝的……」

「飲酒多年，在下從來沒有看過這麼有意思的東西。」

這是一個木條與箍鐵做的木桶，形狀像是兩個大碗面對面扣在一起橫擺著，也像是個巨大兩端削平的梭子，橫放在個木架上。桶的上方有深色木塊做的塞子，上面貼滿各種不同文字的封條，塗了不同深淺的火漆，封得嚴嚴實實的。封條上的印章與墨跡已略顯模糊，桶上刻了一些外國文字，還有一些像刀痕的刮傷與土塵，一副歷盡滄桑之感。

「這是我在塞外一個叫羅剎國的地方和一位當地的貴族賭賽贏來的。我在那裡和羅剎人喝了一桶，帶了一桶回來。」白震宇道：「今兒個給陸兄餞別，咱們就喝光這一桶酒。」

「好兄弟！」我說：「千里送佳釀，足見盛情。」

「盛情不敢，不過這千里之說，對不起這酒。依我之見，這酒只怕來自萬里之外了。」

「這個萬里之遙，倒要請教。」我說道。

「我在羅剎時就聽說這不是他們的酒，而產是在極西之地一個叫法蘭西的小國。據說這個法蘭西國還在馬扎兒[3]之西，連成吉思汗和他的兒孫們都沒有到過。」白震宇續道：「而這個酒光從法蘭西國送到羅剎國就要近兩年，再從羅剎國到咱們京城又要花一年半的工夫。這幾年的走下來，還沒有數萬里嗎？」

「原來如此，這也堪比玄奘大師的西天取經了。」我感歎的說道。拿起手上有著天青色開片的汝窯茶碗，喝了一口，然後問道：「白兄，那再請教，這個酒的名字是？」

「請教不敢，桶子上有刻字，不過這種曲曲文我是看不懂的。但我聽他們管這酒叫喀奧或喀霍（Cahors），還有個別名叫黑酒，這是種顏色極深的葡萄酒。陸兄只管拆開試試。」

我拿切肉刀將封條割除，拿手巾把桶口處擦拭了一下，然後用海碗先倒了點出來。只見酒色極深，在燈光下難以看清楚。把海碗搖晃後拿起來在鼻頭前煽了煽，酒中透露出些隱隱李子與風乾梅子的香氣。端起來喝了一口，氣味酸澀厚實，滿口生津。

「好厲害，這個和咱們西域的葡萄燒酒又不一樣。咱們的葡萄燒酒，多次蒸釀之後雖失其鮮味，但味道濃厚，香氣凜冽。這葡萄酒也不似《北山酒經》記載的米、葡萄與酒曲釀製的做法，這個酒應是未經加料與蒸釀的頭釀。但……頭釀的酒，經過萬里關山轉送數載，能保有這樣的氣味，還眞是未曾聽聞。」我由衷的讚美。

「眞是酒逢知己，千里馬遇伯樂。好酒也要遇到識酒之人啊。」白震宇笑著說道：「陸兄果然是行家，不枉我托人將這酒萬里迢迢帶到中土來。」

說罷我們相視而笑。白震宇是多年前在京城結識的行商，晉中太原人，個性豁達豪邁，練得一手漂亮的少林太祖長拳，好飲善飲，嗜酒如命。昔年我在京城幫了他幾個大忙，之後多年一直互有往來，他四處行商時，也會帶一些各地名酒奇釀回來一起共飲。

「涼州詞有云，『葡萄美酒夜光杯，欲飲琵琶馬上催。醉臥沙場君莫笑，古來征戰幾人回』，涼州的酒、肅州的杯，喝葡萄酒，自然要用肅州的夜光杯。」我笑著說。

「咱們飲酒之人，這方面是必需要講究的。」

「這謳歌樓雖爲京城十二酒樓之首，但也沒有夜光杯。不如咱們先吃點，我差人叫柳盼盼把我的杯子帶過來，咱們一起共飲可好？」我提議道。

「妙極，陸兄紅粉知己，一直無緣得見，那是自然。」白震宇撫掌而笑。

說罷我們互飲了數巡陳年汾酒，聊了一些塞外見聞、京城軼事，用了一些下酒菜。柳盼盼到了之後，遣下了丫鬟，坐到了我這側下首。在相互介紹後，白震宇也把酒的來歷介紹了一下，她把夜光杯從錦盒裡拿了出來，幫大家斟上了黑酒。

「這夜光杯實是用肅州玉石經巧手工匠打磨極薄而成，常用其飲良酒可倍增瑩潤，剔透有如夜光之感。越薄越透亮越珍貴，但也越不易運送、越容易折損。近年多是將玉石運到京城，再由工匠在府內打磨而成。」柳盼盼說。

「盼盼家乃前朝少府柳英後人，柳少府昔日掌管天下膳食酒果，而盼盼家學淵源，自幼耳濡目染之下，對天下名酒名器都有著深刻的了解，可以說是我飲酒的師爺。」我介紹道。

「陸兄……好友自是識酒之人。柳姑娘也試試這黑酒。」白震宇說。

柳盼盼家道中落後淪落青樓，但也因其才貌出衆，成爲京城名妓。柳姑娘天資聰穎，自幼對歷代天下名酒的來歷、傳承、工藝、窖陳、用料、種植、氣味、口感、無一不曉，無論是白酒、黃酒、藥酒、醴酒、葡萄酒皆是如此。若要用酒來形容的話，柳姑娘就像是以米加酒曲所釀之米酒，溫而飲之，其中備具纖細微妙滋味，但卻也隱隱透露出酸楚蒼涼之感。

「記得《續漢書》中有記載：扶風孟佗以葡萄酒一升遺張讓，卽拜涼州刺史。」

柳盼盼說道：「今天白大爺拿來這珍貴的黑酒，只怕十個刺史都可以當上了。」

白震宇拊掌大笑，拿起手中酒杯做了敬酒的手勢說：「陸兄、柳姑娘，請啊！請啊！」

柳盼盼緩緩左手挽袖子，露出白纖的玉手，端起酒杯，聞了一下，看了我一眼，眼媚如絲。一口喝了半杯之後，讚了一聲：「好酒！」把酒杯放了下來，看了手中的酒杯，若有所思，再把另外半杯喝入口中，徐徐下嚥，讚道：「真是好酒。」最後輕輕地放下酒杯，仿佛看透了什麼，笑而不語。我知道她有話想講，只是在等我開口。

「妹子你也給這酒品評品評，和我們講講這和你之前喝過的葡萄美酒，有何不同。」我說。

柳盼盼露出一個如絲似魅的笑容，緩緩的說道：「這酒只怕用料、工藝、飲酒之法，與咱們中原的葡萄酒都大不相同。」

「正要請姑娘指教。」白震宇說。

「指教不敢，依小女子之見，西域與咱們中土的葡萄燒酒皆是多蒸多釀，取其濃烈與香氣，而以窖藏之法馴其辛辣，一飲而盡，入喉後方顯甘美，口留餘香。而以米與葡萄加酒曲所釀之葡萄酒，其中酸味略顯蒼涼，卻又遠不如此酒飽滿純正。」柳盼盼聲音嬌柔婉轉，一口官話講得字正腔圓，她續道：「但這**黑酒氣息如花似木，其味如果似茶，入口後味道猶若登山，途中所見峰巒疊翠，令人眼界大開**。此實乃造酒之人有意爲之，故**應慢飲小酌，在口內品其繁複滋味、體其氣味層疊、查其細微變化**。」

「好，講得眞好！柳姑娘果然見識不凡。」白震宇擊掌讚歎，但又忍不住拿起杯裡的黑酒一飲而盡。

柳盼盼續道：「自西漢張騫出使西域帶回葡萄子的千餘年以來，咱們中原與河西現已有葡萄五百餘種，而其中水晶葡萄、紫葡萄、瑣瑣葡萄、黑葡萄、喀什哈爾等十餘種葡萄較常用來製酒，味道亦佳。而從這黑酒的氣味看來，這個酒應該是用從沒見過極甜的葡萄，而且能種得成熟飽滿又不失其細節，這應是在一個有溫暖秋天的山陽之處，由熟練農夫所種的葡萄，再經巧手酒匠釀製而成。」

「妹子，這酒色何以烏黑如漆，倒要請教。」我也好奇的問道。

柳盼盼沉吟了半晌說道：「這酒色是從葡萄皮中來，可能是將少部份葡萄汁與皮共泡數日或分開蒸煮數個時辰而成，此乃其工序的一部分而成。但難在**如何能得其色而不得其澀，得其盈裕而不失其纖細**，這關鍵的時辰、火候的掌控就是釀酒師傅的工夫了。」

「這酒果然不簡單，也難怪黑酒是羅剎國沙皇重大慶典用的酒，羅剎國的王公貴族重大喜慶也都喝這個。」白震宇看著柳盼盼，端起酒杯道：「來！來！咱們也用這黑酒一起恭賀陸兄榮升貴州府知府。」

柳盼盼還不知情，滿臉訝異，但也只能用她纖白的小手，端起她面前的酒。

「感謝！白兄弟消息眞是靈通，我自己也是今朝方知。白兄弟這次下南洋，我明春到貴州赴任。以後天各一方，不知何年何月才能再聚。」我端了一杯，一口乾了。

「曹孟德云：何以解憂，唯有杜康。明春大哥到貴州去，小弟以後喝酒就只能自斟自酌了。」白震宇用依依不捨的語調說。

說罷自己又斟了一杯，一飲而盡，我陪了一杯。心中暗歎：「咱們漢人喝酒總是不乾不快，就算喝這個黑酒，也確實難像喝茶一樣的慢啜細飲。」

「南人缺舌，難以語與。大哥自要保重身子，小妹只能在這裡……」柳盼盼臉上弦然欲泣，說到後來聲音細不可聞，拿起手上的杯子乾了。我心下黯然，也默默地陪了一杯。

那天晚上我們三個人一起連喝了八升酒，一桶黑酒快給喝了過半，但終究是喝不完了。而最後酒桶就讓我運到了貴州，放在府內書房角落立著。

* * * *

多年以後的一個午後，我一時興起從空木桶旁的書架上拿出《白氏長慶集》，走到院子裡散步。記得那天陽光燦爛、花葉扶疏，也沒有特別想讀書，只是無聊的邊走邊翻看著。

翻到《睡後茶興，憶楊同州》，這詩講的是白樂天宿醉醒來，無所事事，走到庭院裡煮茶時思念老友楊侍郎的事情。白樂天是位悠閒浪漫，情感自然的天才詩人，描述的事物淺顯易懂，老嫗能解，讀之多有歷歷在目之感。看著看著，一時思念故人，心有所感，我不禁吟誦了起來：

昨晚飲太多，嵬峨連宵醉。
今朝餐又飽，爛熳移時睡。
睡足摩挲眼，眼前無一事。
信腳繞池行，偶然得幽致。
婆娑綠陰樹，斑駁青苔地。
此處置繩床，傍邊洗茶器。
白瓷甌甚潔，紅爐炭方熾。
沫下麴塵香，花浮魚眼沸。
盛來有佳色，咽罷餘芳氣。

不見楊慕巢，誰人知此味？

柳盼盼娟秀的毛筆字跡在信中寫道：「法蘭西的喀奧黑酒，色深如墨，渾濁黝黑，深不見底，飽滿酒色自薄杯透出，翠玉杯身猶如染上深夜黢黑，用夜光杯品飲此酒，反倒難賞其色，不顯其美。舉杯啜飲細嚐之，其味如桑葚之鮮美、如蜜餞之濃郁、如蕈菇之芳香、又如茶梗之苦澀，其中**酸澀交替，甘苦夾雜，有如人之一生。嗟呼人生歷程，猶如百代光陰，又似浮生若夢，能在一杯酒中能現諸般繁複滋味，實爲生平僅見。**」

註

3 約為現在的匈牙利。

福爾摩斯如是說　Alsace

「**結果我們仍然不知道上次的亞爾薩斯**。」她說。「這句話究竟是什麼意思？」

「就是他希望告訴他的葡萄酒酒友，他還是不知道，上次喝的阿爾薩斯葡萄酒是什麼啊。」我不假思索的回答。

「爲什麼是酒友（drinking buddy）？」她問。

「因爲聽起來他們顯然一起喝過酒。」我接著說。「而且除了葡萄酒同好外，沒有人會那麼執著吧？」

「可是你不覺得這句話聽起來很美嗎？」她說。「**像首詩的一部分**。」

這裡是一個巨大的地下酒窖，中間是一個像小型廣場的高地，上面鋪著泛白的青石地磚，放著桃心木的餐桌與餐椅，四周有幾百個酒櫃，裡面放著十五萬瓶左右的酒。這些酒櫃以八角星型的方式整齊的排列著，電梯從中央廣場下來，站在中間環顧一圈，可以清楚看到酒窖中的每一瓶酒。是一種非常自我的陳列方式。

這裡有著像巨大怪獸的德國製空調和美國製面部辨識保全系統，即使在夏天也非常的涼爽，而且是那種透心的涼，配合幽暗靜默的氣氛，可以隨時聽到自己呼吸的聲音。每次看著這些酒櫃和酒瓶，會有一種像是在看著深海潛艇隊伍的感覺。潛艇們無聲的緩緩前進著，**彷彿沉默地在傳遞著某種意志般**，不知道為什麼讓我覺得有點悲傷。

「雖然法醫說我叔叔的因為是心臟病發過世的，但現場有著燒過炭的火盆、喝過的幾瓶葡萄酒、安眠藥、鋼筆、和在夾在書中的這張看似謎語般的遺書。」她有點緊張地說。「當時並沒有入侵的痕跡，而且所有的瓶杯都只有他的指紋，所以警方是以自殺結案的。」

「但有件事很奇怪。這麼大的房間要燒很多炭才會二氧化碳中毒吧？而且眞正愛酒的人是不會讓他的酒窖改變溫度的。」我一本正經的說：「實際情形當時你了解嗎？」

「那時候我都在雪梨工作，所以實際情形是怎樣我也不知道。」她說。

她是我大學時候的女朋友，我們是同班同學，曾經短暫一起住了一陣子。畢業後就找到不同的工作，各自搬到不同的地方，交了新的朋友，就自然而然的分開了，後來各自結婚、各自離婚，分別走了一段不同的人生。這幾年透過網路又開始聯絡，她現在搬到我住附近的城市居住，做藝術經紀相關的工作。雖然她變得比較豐滿，但她的打扮仍然前衛時尚，還是容易緊張、喜歡問問題、和常常穿超短的裙子，腿也還是保持得像是藝術品一樣地漂亮。

如果要用酒來形容的話，她就像是因爲攪桶而飽滿的夏布利（Chablis）夏朵內吧，有種特意的培養雕琢，再經過點複雜而洗練的時間與環境熏陶而得到的傑作。這個酒是某種精神加上工藝的象徵，就如同保時捷頭燈這樣的符號一樣，每次在喝這種酒的時候我都不禁會想到她。

「所以你的意思是說這不是自殺嗎？」她還是有點緊張的說。「我叔叔只是個葡萄酒作家而已，他應該沒有在外結怨啊。」

她叔叔是個國際上十分有名氣的葡萄酒評論家與收藏家，雖然沒什麼朋友，但也不至於有什麼仇敵。他像是古老、精細而神秘的機械一樣，能數十年如一日地對所有的酒提出一致、中肯而直接的評論。而且他只誇獎酒的優點，從不說太難聽的話，他能在任何一瓶酒中找出它的優點來。但他評分最高一直都只有九十九分。他的名言是：「因爲完美的一百分還沒出現，所以人生值得期待。」

眞是樂觀的人啊，我以前一直這樣認爲。

但他在三年前不明原因自殺身亡，留下了十五萬瓶左右的酒藏給他滴酒不沾的太太，雖然當時在業內也引起一些猜測與耳語，但現在已經完全沒有人在關心這件事了。

「福爾摩斯常說：**在得到所有證據前就推理，是個極大的錯誤**。」我說：「不過，我不是來探案的，我只是陪你來這裡選酒的。」

「你不是在偵探事務所工作嗎？」她好像有點不甘心，拿起放在桌上陳舊的法文的書說。

「不是，我是美食顧問，偵探只是我……算了，你說吧。」

「那《紅與黑》（Le Rouge et le Noir）這本書你知道嗎？」她把手上的書遞給我。

「大學時看過。司湯達爾（Stendhal）的小說，是一本講男人的野心、女人的浪漫、階級社會、軍隊、和教會的批判小說。」我隨手翻翻書回答。

「遺書就夾在這本書裡，這有什麼特殊意義嗎？」她問。

「**你是在看，而不是在觀察。兩者的區別很明顯**[4]。」我有點賣弄地說。

「那你的觀察是什麼，夏洛克先生。」她露出一個像是要鬥嘴的表情。

「嗯，如果要我來猜測，《紅與黑》可能是指形容紅葡萄酒味道的紅果與黑果。」我拿著書隨手翻了一下，然後放下說。「但那個亞爾薩斯應該是白葡萄酒，我不知道這本書能有什麼關聯就是了，**也可能什麼都不相關**。」

「那你覺得什麼是相關的？」她問。「你是美食專家，這個應該也懂吧？」

「在西式料理的邏輯中，美食和美酒確實密不可分。」我停頓了一下，然後說。「雖然我只算是個業餘的葡萄酒愛好者，但我相信他那時喝的是什麼酒？喝幾瓶？吃的是什麼食物？喝的次序是什麼？用什麼杯子喝？什麼季節？酒的溫度多少？醒酒器？和誰一起喝？都會有他的道理，**這些都是獲得美味的方式**，也是一種文明的表達。」

「所以呢？」她說。

「**對於懂酒懂喝的人，這些都相關。**」我說。

接著她給我一些當時的相片。桌上有一瓶喝完但顯然太年輕的 Pétrus（柏翠斯）、半瓶喝完罕見的澳洲百年老藤老酒、一瓶沒喝完的萊昂丘（Coteaux du Layon）甜酒，一個醒酒器、三個喝了一半的杯子、和三個軟木塞。桌上有一本品酒筆記本、兩本他的葡萄酒著作，和一本法文版司湯達爾《紅與黑》。謎語一樣的法語句子：「結果我們仍然不知道上次喝的亞爾薩斯」，就寫在一張紙條上，夾在《紅與黑》書中有野心的朱利安．索雷爾（Julian Sorel）半夜爬進市長夫人房間的那一頁中，那是這本書的其中一個高潮。

我翻了一下書，回想一下以前讀這本小說的內容。男主角朱利安．索雷爾雖然只是個木匠之子，但這個人的本質似乎在他小時候就表現無遺了，是個天生與註定的角色，而在啟蒙之後，他的人生就像是坐上了一部單向火車，一路直達終點而已，一切只能按照寫好的劇本來演出。這種定向宿命式的歷程，就像是未來學或希臘悲劇中常見的故事，充滿了沒有懸念的、命定式的哀傷。我記得這是我大學時看這本書在想的事情。

「**就像命運輪盤上的紅色與黑色。**」我想起了不知道是誰寫的文字。

再來看了一下紙條和相片，這裡有一些只有常喝酒的人才會注意到的細節。首先，酒的組合有點奇怪。但在有十五萬瓶酒可以選擇的酒窖時，我也不知道什麼樣的組合是恰當的，反正起碼一般人難以想像就是了。其次在不配餐的情形下，這樣的組合的酒味應該會彼此干擾。這算是入門常識了，因此應該從哪裡開始喝，也是很大的問題。三瓶酒配上三個杯子，像是數學或是邏輯上的正確，杯子種類的選擇也很正常，這點似乎無懈可擊。但最重要的應該是瓶塞的問題了，因爲澳洲那瓶酒是螺旋蓋的，所以桌上的軟木塞多了一個。

這是一個簡單的細節，但只有常喝酒的人才會注意到的細節。嗯，**應該就是這個了**。

她看我盯著相片直看不說話。「怎麼了？」她問。

「福爾摩斯說：**不要信任一般印象，要重視細節。**」我說。

「什麼細節？」她又問。

「瓶塞數目不對，桌上多了一個瓶塞。」我說，然後我解釋軟木塞與螺旋蓋的事情給她聽。

「**沒有什麼比一個顯而易見的事實更能迷惑人了**[5]。」我說。

「當時桌上所有的東西都在這個箱子裡。」她指著旁邊地上一個上了封條的紙箱說。「警方把證物送回來後，就放在這裡沒有動過了。」

我們把箱子打開，把所有的東西按照相片的佈局一一放回桌上原位，然後找到那個多出來的瓶塞。那是一瓶四十幾年前在亞爾薩斯的一個叫 Zoztenberg 特級田的瓶塞，上面隱隱發黑，還有些上過油的痕跡，從瓶塞的完整度與保存狀況看來，不像是最近幾年才開瓶的樣子。酒塞找到了後，我們把酒窖的燈全部打開，花了一些時間才在酒窖的一個角落找到那個瓶塞的酒。那是一瓶用希萬尼（Sylvaner）葡萄品種釀的酒，而且她叔叔顯然很喜歡這個酒，架子上有幾十個不同的年份，有些酒甚至連箱子都沒有拆開，可能都是和酒莊直接買的。

其中在角落有一個酒瓶，上面沒有酒標，只有用米白色漆寫著一句法文：「敬美好的亞爾薩斯」，瓶裡面放著一張發黃的信紙。由於亞爾薩斯的瓶身形狀的緣故，我們費了好一些力氣才將這張信紙完整地拿了出來，這是一張亞爾薩斯某一個酒店的信紙，紙上面沒有味道，兩面各有一篇關於這個酒的品飲筆記，可以明顯看得出這是一男一女的筆跡。男性那篇則的是英文夾著一些法文的名詞，評論具體中肯，談到了這個酒的味道、結構與變化，清楚表達了他的觀點，明顯的是她叔叔的筆跡；女性的那篇是用法文寫的，遣詞用句優雅而細膩，談到了喝這個酒的感覺與心情，其中還有像詩句一樣的東西，呈現了她的優雅、感性與教養。而她的酒評其中的一句就是：「結果我們仍然不知道上次的亞爾薩斯。」

「福爾摩斯說，**這些奇特的細節，不僅沒有讓案子更加困難，反而讓案情變得簡單**。」我翻譯了這兩封信的內容，然後對她說。「那句謎語就來自酒評裡面的內容，而這個酒應該就是那個謎的答案了，這才是他心目中的完美的一百分。」

「這的是這瓶酒嗎？」

「**當排除了一切不可能的因素後，剩下來的東西儘管多麼不可能，也必定是眞相**。」我頓了一下。「福爾摩斯是這麼說的。」

「如果眞的是這樣，我們就開一瓶來喝看看吧。」她吐了吐舌頭。「反正這裡所有的酒我都可以開來喝。」

我從杯櫃中拿出兩個白酒杯，底座精細刻花的波西米亞手工水晶杯。她用餐巾仔細擦乾淨，再用老酒侍酒刀小心把軟木塞取下，費了點功夫倒了兩杯酒。

「這個溫度還不錯，Salute！」我說。

「Cheers！」她回答。

我們聊了一會，喝了幾杯酒，談到一點都德（Alphonse Daudet）《最後一課》（la derniere classe）裡的分詞規則，也聊了我大學時在看《紅與黑》當時的事情。

那時候我們是男女朋友，合租了一間房子、養了兩隻貓、冬天一直在鏟雪、常常用馬克杯喝著她從叔叔家裡帶來昂貴的勃艮第。那時候兩個人眼睛閃閃發亮，覺得世界無限的寬廣，人生無盡的漫長，不存在像冬期限定的Royce巧克力或朱利安．索雷爾之類無法回頭的單行道人生。然後我情不自禁的摸了一下她的頭髮，她也在我的臉頰上親了一下，然後很自然的靠在我身上，她的頭髮味道還是很香，我們十指輕握著，氣氛非常的好。

我們垂直喝了各相距五年的四個不同年份，有一瓶已經很老了，像是老婆婆坐在懸崖上的輪椅，有氣無力地看著大海。喝了一會後，我們兩個人都有點微醺。她問我這個酒怎麼樣？我想了一下後告訴她：「一直到喝了這個酒之後，我才了解，你叔叔**在找的應該不是這個亞爾薩斯的酒，而是亞爾薩斯本身，一個屬於他自己的亞爾薩斯**。」

我試著告訴她從兩篇酒評中，我組合出來的故事：

很久以前，有個年輕男子坐長途火車到亞爾薩斯出差，那是一個在國境邊緣，有著文化交錯與邊境風情的地方。年輕的男子對葡萄酒品鑒非常有才華，他是某國際知名葡萄酒雜誌史上的最年輕的總編輯，志得意滿，對事業與人生有著強烈的企圖心。他在酒店的餐廳邂逅了一位在單獨酒莊旅行的神秘法國女子，優雅而有教養，對葡萄酒也很有品味。他們一見如故，年輕男子邀請女子陪他一起走訪各大亞爾薩斯葡萄園，晚上則約她在當地的知名餐廳一起吃飯，然後在房間裡盡情的飲酒做愛。

年輕男子有著閃閃發亮的眼神，熱切的希望告訴那個女子關於他的所有事情，從產區風土、新浪潮電影、歐洲聯盟的未來、產區制度建立、他的人生觀、品飲哲學、與他對成為世界頂峰的渴望，而她總是露著微笑，很有耐心的聽著他說話。他們的心雖然被對方強烈的吸引著，但他們也都知道這是段短暫的戀情，只是人生中一個插曲。他們盡情享受著這段有限的時光，努力的把自己最美好的那面表現出來，共同演出了這段完美浪漫的戀情。

時間的流逝讓這個戀情很快到了盡頭，美好的舞台演出總是要謝幕，兩個人終究是要回到各自的人生去的。男子回國前夕，女子拿了一本《紅與黑》和一瓶沒有酒標的當地特級園的酒和他共飲，這瓶酒的葡萄品種裡有著神秘而單純的味道，完全不是男子熟悉的四大貴族葡萄品種，也和當時流行的熱情飽滿風格完全不同，正如那個女子的自然簡單而優雅，但卻讓他一飲傾心、一見鐘情。

他們最終在亞爾薩斯的機場分手，男子回到了屬於他自己的被限定的人生軌道，朝向他自己預定好的終點前進。多年以後，他不意外的成為了國際葡萄酒界的名人，他看完了那本法文版的《紅與黑》，當然也找到了這個讓他一輩子也忘不了的味道所屬的酒莊，那是亞爾薩斯 Zoztenberg 特級園，一個唯一可以種植 Sylvaner 的特級園，這也是唯一的一個例外——讓他懷念不已的例外。

男子雖然找到了那個酒，也找到了那個神秘而單純的味道。但他的眼睛已經不再閃閃發亮，聲音也不再清澈，他已經沒有辦法找到當時那個亞爾薩斯了。兩條無法彎曲的直線在交會的瞬間放出了光芒，但之後只能走向各自的方向，越行越遠。

終其一生，他再也沒有去亞爾薩斯。當然，也沒有再見到那位神秘女子。

「消逝的戀情啊。」她語帶感歎的說。「我要怎麼和我叔母說呢。」

「**生命交會時的有限戀情**。」我拿起杯子，看著裡面棕黃色的液體說。「我們都是這樣活著。」

這瓶 Zotenberg 特級園在陳年後，並沒有發展出什麼了不起的複雜風味，但卻仍然能保持著不錯的結構與平衡感，謹慎但直接，**像是經過設計的樸質與羞澀，沒有什麼力量式**

或華麗式的那種東西，只有一些如冬眠剛醒來的拘謹魅力在裡面而已。略微黯淡的熱帶水果、芒果乾、煙熏、礦物、塵土與老茶味透露出一些懷舊情感，像是在法式大宅裡面看著窗外河邊夕陽西下的感覺。

是的，那是一種簡單而純粹的情懷，紀念著我們曾失去或已經遺忘的。小時候的沙坑鏟、發條玩具、玻璃彈珠、絨毛小熊、埋葬的天竺鼠、玫瑰花蕊（rosebud）……等，**那些象徵純真而美好時光的一切事物。**

註

4 這是福爾摩斯的名言，參見《波西米亞的醜聞》。

5 這也是福爾摩斯的名言，參見《博斯科姆比溪谷秘案》。

C.W.Huang

銀河戰爭　Bourgogne Rouge

一陣暈眩，我不禁閉著眼睛用手按了一下太陽穴，坐了下來。

「怎麼了。」她問。

「最近腦中一直浮現幾段旋律。」我說。

「什麼樣的旋律。」她順口問了一句，拿起桌上的酒杯喝了一口，然後津津有味地在看飛利浦．迪克的（Philip K. Dick）《高城堡裡的男人》（The man in the high castle），一副並不是很關心的樣子。

她是我剛認識的女朋友，是一位科幻小說與漫畫重度愛好者的牙科診所護士，有著漂亮的帶有棕紅色的捲髮，大而會說故事的眼睛，在口罩後面看起來特別的美。她的個子雖然不是很高，但整個人小巧而細緻。她認爲護士的裝扮最適合她，可以把她所有的優點凸顯出來。她下班之後的生活非常的隨性，變得慵懶而迷人，不值班時很愛睡覺，和我在一起時總是一副沒睡飽躲在被窩裡的模樣。和她在一起的相處耍廢的時光，就像是在喝著南隆河以 Clairette 與 Grenache Blanc 爲主的混釀，或許酸度不足而且容易氧化，但有著爛熟的果味與飽滿的香氣而引人入勝。

「你聽看看有沒有聽過。」我哼了幾段給她聽。

「嗯，沒有耶，那是什麼。」她說。

「這是在遙遠的銀河系旅行時的背景音樂，有著小行星帶、軌道太空船、太陽系、破碎的艦隊殘骸、滿天無限的星斗與壯麗的銀河畫面。」

「爲什麼會有這種畫面的聯想呢？」

「我也不知道啊，反正我就是可以感覺得到。就是會有一些遠古時代與遙遠的地方的宇宙戰爭之類的片段出現在我腦中。」我又按了一下我的太陽穴。

「也許你也是外星人的後裔吧，你是不屬於這個維度的生物，所以會有太空旅行的記憶殘留在你的基因裡面，最近不是很流行這個說法嗎？」說完她就咯咯的笑了起來。「**所以你才會一直存在對這個世界不適應的問題**。」

或許是吧，其實我也是這樣想的，有著不同維度的我和遠古的宇宙戰爭。我想或許有一天下午，我會打開冰箱中那瓶叫做「辰星之下」的勃艮第大區紅酒，倒在大得令人討厭的手工水晶杯裡面，等酒的氣味逐漸喚醒我的靈魂後，我會用認真的表情告訴她關於我的事情，那是一個在銀河彼端的故事。

從前從前，在遙遠的銀河彼端，有兩大家族在進行一場歷時千年的戰爭。他們爭的是一種紅紫色酒液的正統身份，只有「銀河正統身份」的酒液可以進貢給位在首都川陀星（Trantor）年邁的銀河帝國皇帝飲用。

「波爾多家族」（the house of Bordeaux）在前面的九百年裡節節敗退，他們領地裡可供種植波爾多作物的四千兩百顆星球被佔領了三千六百顆左右，波爾多酒液在銀河流通的數量也不斷減少，銀河的中立區域和獨立行商們也見風轉舵，開始在獨立行星法哥（Fargo）大量的囤貨，並且把資源大量地投向勃艮第家族（the house of Bourgogne）。

根據《銀河百科全書》的說法，基本分辨勃艮第酒與波爾多酒的方式其實很簡單——只要看酒的顏色就可以了。波爾多酒有著沉穩的深紫，暗紅，甚至到纏綿而深不見底的黯黑；而勃艮第的酒色明亮而鮮艷，通常有著高雅而細膩的淺紫或紅寶石色。而香氣與味道則各有不同，勃艮第清淡優雅，富層次與變化；而波爾多濃郁集中，有著較大的格局與骨架。

眼看著勃艮第軍隊就要消滅波爾多勢力，取得絕對正統地位之際。勃艮第的族長——勃艮第四十二世羅曼尼大公忽然過世了，而且在他過世之前，竟然對整個帝國公開宣告他承認波爾多酒為銀河正統地位的遺言。

這造成勃艮第家族瞬間軍心渙散、人心惶惶，原本的勢如破竹的戰局立刻被內亂所影響，勃艮第家族們分為兩派彼此攻擊對方。一派表示承認波爾多酒，願意與波爾多家族在銀河系中共存，以大公的弟弟高登（Cordon）為主要代表；另一派則以大公的長子——瑪沙內（Marsannay）為首，他們則堅持勃艮第的正統，堅稱勃艮第四十二世羅曼尼大公的遺言是偽造的，這全部是波爾多家族的陰謀，他們要與波爾多家族誓不兩立。

幾年的內鬥下來，整個勃艮第家族的勢力徹底瓦解，波爾多家族趁機坐收漁利的反撲，籠絡了羅曼尼大公的弟弟，打敗了勃艮第家族大部分的反對勢力。銀河皇帝也不得不承認波爾多酒為唯一正統地位，而這場千年的銀河戰爭眼看即將落幕。

在獲得正統身份之後，波爾多家族採用了絕種與重刑政策。只要波爾多領土任何的星球中種植 Pinot Noir（黑皮諾）這個品種，無論你是皇親貴族或是士紳名流，一律都是抄家滅族的重罪。另外，飲用勃艮第酒也是一項重罪，違者將處以鞭撻、甚至是流放之刑。波爾多家族企圖用這種方式，讓勃艮第酒在宇宙中永遠的絕種與消失。

在波爾多軍隊要包圍勃艮第行星的前夕，我帶著最優良克隆的勃艮第樹苗與釀酒師家族人員，還有勃艮第家族年紀最小的掌上明珠——十七歲的勃艮第公主玻瑪（Pommard），一起搭上「勃艮第公主號」太空船逃亡，朝向銀河旋臂的彼端作幾近自殺式的盲目跳躍航行。

我是勃艮第公主號的代理艦長布哲宏（Bouzeron），從小隸屬為保護玻瑪公主的近衛隊長，但在我幾年前第一次出征的時候，年僅十四歲的玻瑪公主把她繡著樹藤的紫紅色的絲質手絹放在我胸口的口袋，對我說請我一定要回來時，那時候我就已經愛上她了。

一開始是突圍，驚險的突圍。後來則是逃亡，我們不斷躲避著龐大數量的波爾多艦隊的追擊。在歷經了兩百五十次左右的瓦爾普跳躍航行，終於在太空船的能源即將用盡時，在銀河的彼端旋臂末稍外側 1.243 分的附近，發現一個未知的行星系。

這個星系有著一個年輕的第四級電漿恆星，大約十個左右的行星，其中第三個行星被海洋所覆蓋，有著藍色寶石般的光芒，還有一個無精打采的灰色衛星環繞著。經過先遣部隊的探勘與試種後發現，這是個適合居住與種植勃艮第作物的星球。

釀酒師團在星球最大的大陸西側找到了最像故鄉的風土，開始試種黑皮諾。同時我們也在田邊建立了街道、教堂、與公主的皇宮，後來我們就將那片土壤與氣候最適合的南北長條朝東的破碎緩坡帶稱之為勃艮第，用以紀念我們的母星。然後我們在最好的那個地塊附近立了一個石製的十字標誌，用以標記定點，作為這個世界的中心。

部分的部隊人員在地面作為農夫，我自己則帶了少部分的人與太空船在行星的低空軌道上待命。過了幾年的平靜時光，大家安居樂業，我一直收到公主從地面寫給我的信，也漸漸的能喝到地面送上來不錯的勃艮第廣域葡萄酒。我知道玻瑪公主在地上等我，他在等我訓練接班人然後退役，而我也安靜而忠實的等待那一天的來臨。

但不幸的，該來的還是出現了，波爾多家族的新型遠程探測船出現在軌道上。缺乏武器的我們，用盡了所有的能力只能干擾了它的訊號傳輸，然後在不得已的情形下，為了保護心愛的玻瑪公主與星球，我們只好用太空船本身當做武器，將它撞入了大氣層與它同歸於盡。

太空船的碎片在大氣層燃燒掠過了天際，在勃艮第等待我的玻瑪公主應該也會看到我們的太空船化成像是流星群墜地似的壯麗景色吧。

「這樣就結束了嗎？」她把一疊貳瓶勉（Nihei Tsutomu）的漫畫《Blame!》撥到一旁，懶懶地靠在我的身上，身體彎曲成 L 型，整個人像隻貓綣成一團。

「結束了。」我說。我摸摸臉上的兩行眼淚，我知道這是典型瓦爾普航行之後的反應。

「嗯。」她看著我的眼睛，拿起手巾幫我擦了一下眼淚，然後自己又倒了一杯酒，也幫我倒了一杯。

「你不覺得有點哀傷嗎？」我說。

「是有點，愛人化成流星的結局那部分。」她搖晃著手中的酒杯，然後說。「但是，那個旋律呢？旋律和這個故事有什麼關聯。」

「那個旋律是勃艮第的《夜之聖喬治進行曲》，象徵著繁複無垠的宇宙與辰星。」我喝了一口手上的酒說。「可能就像這瓶勃艮第酒的滋味一樣。」

「原來如此。」她在我的耳朵旁說。「音樂的記憶穿越了銀河啊。」

這讓我想起了一段旋律、一首俳句、一朵花、棕色秀髮、林中小徑、夕陽的溫度、海風、與水晶玫瑰花蕾的力量。這都不是一支軍隊、一位力士、一個帝國、奔馬、巨浪或是巨大黑色的鐵劍可以比擬的。這瓶名爲「辰星之下」的廣域勃艮第酒，有著葡萄藤在燦爛星空下的美麗酒標。酒色非常的淺，簡單醒酒之後味道就會開始緩慢而微妙地變化著，像是敏感纖細的精靈，或是絹細如絲的瀑布，害羞的躲在森林深處。而這都不是濃郁醇厚、勁道十足的那種常見的力量。

這個世界上的美本來就不止一種標準，而力量也有多種不同形式。**或許有一天我們會知道，所有複雜而有層次的味道都存在於清淡之中，不是存在於強烈或是濃郁強烈的東西裡面。**然後或許有一天我們還會知道，眞正的宇宙與辰星不是在遙遠的不可及的地方，而是在我們手上的一粒沙之中。

請喝我　Lacrima e Visciole

那是一個陰沉的星期三下午，天空做著不開心的表情看著大地，所有人的心情也變得不太好的樣子。我拿著像是兔子耳朵符號的請帖，陪著我的女朋友，到郊外山上參加一個神秘酒會。

山路非常的長，分叉的道路像複雜的葉脈一般附著在綠色的山上。我們繞了一個圈子後終於在路邊找到了一個不起眼寫著「La Maison de L'Arbre」（樹之屋）的木頭指標，指向一條通往樹林深處的路。

開進去之後轉了個彎，路旁的風景變得開闊了起來，看起來我們是在山上的一塊平地上，又穿過了一片小森林之後，我們把車開到了一個大門前停了下來。

這是歐洲大宅常會看到的那種鑄鐵黑色大門，上面還有一些裝飾的金色雕刻圖案。只是這個大門除了兩旁花崗岩的門柱外，並沒有圍牆，而門柱兩旁的道路也夠寬，只要簡單繞一下就可以繼續開往裡面了。也就是說，這是一個概念式的大門，就像小叮噹把一扇大型的任意門放在路中間一樣。

「你確定是這裡嗎？」我有點擔心的說。

「沒有圍牆的大門。」她說。「應該就是這裡，和我朋友描述的很像。」

她是我西班牙文課中認識的一位女孩子，是一個短髮大眼，眉毛濃密而皮膚黝黑，笑起來會有明顯笑窩的女孩，身材與皮膚都很好。據她說她一直過著無憂無慮的生活，我猜這可能和她的個性與家境都有關，她曾在法國一間奇怪的葡萄酒相關學校唸過一陣子，現在則是一家米其林二星餐廳的侍酒師。

「我去按電鈴吧，沒走大門就繞過去好像不太禮貌。」我說，我看到門柱上有一個電鈴。

「嗯，小心哦。」她看了一下兩旁的樹林擔心地說。但我不知道要擔心什麼。

「好的。」我說。在我正要解開安全帶下車時，電動大門就緩緩的打開了。

我們的車從門中開進去之後，兩旁風景還是一樣。順著路轉了個彎之後，裡面有一個像是巨大空地的庭院。庭院中間有一顆非常巨大的樹種在一棟陳舊的白色大宅旁邊。不，仔細看看，庭院的正中間是大樹而不是大宅，所以反而有一種大宅「種」在巨大的樹旁的感覺。而且可能是比例還是視角的問題，大宅不知道爲什麼在樹旁邊顯得有點渺小，像是大樹在吸收著大宅的養分，大宅有點要被樹吞進去的感覺。

我們把車停好，走到大宅門口。大宅看起來不像是有人住的樣子，它的門上面貼了一張和請帖一樣的紙條，上面指引著我們走到大樹樹幹的另一端。我們走到樹的旁邊，這眞的是一顆巨大的樹，像是《阿凡達》或是《龍貓》電影裡面出現的世界樹一樣。我摸了一下需要多人才能合抱的粗大樹幹，樹皮粗糙而扎實，感覺裡面的水分由大地向不開心的天空悄悄的傳輸著。

任何巨大的東西都有它的靈魂，我忽然想到這句話，不知道哪本書裡面是這樣寫的。

我們繞到樹幹的另一端，發現在樹根處有個門，那個門是半圓形的，一半在地上，一半在地下，有石頭樓梯通往地下，像是哈比人的半穴居房子一樣。我們走到地下，發現這是一間還算寬敞，看起來像是一個大廳一樣的半地下室。牆上有著羅馬式的拱頂，還看得到一些樹根，有著長形的木頭桌子，還有幾張木椅，其中有兩面牆上各有一個木門，看起來還可以通往其他房間的樣子。

由於天花板有幾個對外的窗戶透光進來，所以房間的光線不是太暗，但也不算是很明亮。房間中央的木頭桌上放了一小瓶的「半瓶酒」、兩個杯子、一塊餐巾與一個侍酒刀，但一個人都沒有。我試著發出一些聲音，問一下是否有人在，也試著敲一下兩扇門，但門都鎖上了，兩扇門都像是深海裡的沉船，一動也不動。

「看來是沒有人在了。」我對女友這樣說。

女友並沒有回答我，她只是看著桌上的那瓶酒，露出像是看到有人在賣月球來回票的表情。

「怎麼了？」我緊張的說。

「你看。」女友說。

我看了一下，桌上放著一瓶什麼酒標都沒有的黑色瓶子，掛著一張有著兔子符號的標籤，上面有一行用墨水筆手寫的字。

「**請喝我**。」

我拿起那瓶酒，酒瓶異常的沉重，黑色磨砂的瓶身上面什麼痕跡都沒有，瓶底凹入的地方浮凸著「6N0043」的文字，但應該只是瓶身製造批號之類的東西吧，我也不確定。

「這是……什麼？」我的聲音可能有點顫抖吧。「這是……《愛麗絲夢遊仙境》

嗎？」

「是啊，我們是兔子嗎？」她說。

「不是吧，應該說我們是愛麗絲嗎？」我說。

「對哦。」她說。「那……怎麼辦，我們要喝嗎？」

「我們先等一下下吧，搞不好等一下就有人來了。」我說。

但我們等了好一會兒，沒有任何人來，四周靜悄悄的都沒有聲音，也不像是有人會出現的樣子，只是樹洞窗戶的光線照下來的位置稍微向東移動了一點點。

我們是在一個品酒會上認識的，那時候我正在看一本由馬克西米延·波特（Maximillian Potter）寫的叫做《葡萄田裡的陰影》（Shadows in the vineyard）的一本冷門新聞紀實作品，一面等著活動開始。「好巧！我上個月剛看完呢，很好看的書。」我記得這是她對我說的第一句話。

我一直想要交一個懂葡萄酒的女朋友，因為這樣就可以一起喝、一起分享討論，喝貴的酒也不心疼、葡萄酒開瓶後也可以喝得完，不用提心吊膽地留到第二天。後來我就特意用一些珍奇怪酒當理由約她出來喝酒，只是她的上班時間和一般人不太一樣，第一次不太容易約，會有點挫折就是了。但後來她也會約我一起喝酒、看電影，或者是在電影院裡面喝酒。

反正我知道，對於都喜愛葡萄酒的情侶來說，就算約會時只是一**起喝一瓶有意思的酒，從中能得到的樂趣與共鳴有時候甚至會不亞於約會本身**。但是我們兩個人在一起分別手握酒杯的時間一直都較彼此相握的時間長，這讓我覺得有點困惑。我覺得她應該算是我的女朋友吧，但她是怎麼想的我並不知道。

「還是算了？這件事看起來有點詭異。」我說。

「這樣吧，我們先把它打開，我們先倒在醒酒器裡聞聞看。」她露出好奇的眼神說。「反正上面寫著『請喝我』。」

「好吧，可能我們就是被邀請來喝這瓶酒的吧。」我附和了她的說法，勉強擠出一個笑容，但或許只是我自己認爲那是個笑容吧。

桌上是一把很常見的黑色「旋拉牌」（Screwpull）開酒刀，我把鋁封謹慎的割除，瓶口幾乎沒有什麼髒污，但我還是習慣地拿起桌上的餐巾把瓶口擦乾淨。接著我用開酒刀的兩段式槓桿謹慎地把瓶塞拉了起來，把一樣沒有任何線索的軟木塞放在桌上，然後把整個半瓶都倒在醒酒器裡，輕輕地搖了搖。

雖然我的動作不是很標準，但我很喜歡爲她開酒。每次我們一起喝酒的時候都是我負責開酒，她會在旁邊微笑著，像是很幸福地享受有人開酒的時光。

酒色很明亮，介於寶石紅與血紅之間，在燭光下透露出詭異的氣氛。我聞了一下醒酒器瓶口，香氣非常的艷麗，我不禁皺了皺眉頭，遞給她聞了一下，然後我們兩人暫時陷入了沉默。

「你覺得這是什麼？」我說。我完全無法判斷。

「我覺得這個酒的香氣非常有意思，不但濃郁甜美，而且果味太……銳利而突出了，眞不知道是怎麼做的。」她說。

「是啊，這個紅果味聞起來就是繽紛美妙，一副很誘人的樣子。」我不禁看了她的嘴唇一眼。

「那……怎麼辦，我們要喝嗎？」她雖然這麼說，但眼神卻裡面透露出一些期待的樣子。

我很清楚不喝可能會比較明智，但我總覺得自從進了那個無牆的大門之後，所有的事情都有點詭異。我不禁想，如果我們不是從大門中進來，而是繞旁邊的路，那可能一切都會不一樣吧。

「爲什麼不？」我腦中忽然閃現了平行世界的念頭，然後說。「……或許我們到了另外的一個品酒會了也不一定。」

「另外一個品酒會，什麼意思？」她說。

「沒什麼，才半瓶酒而已，我們就喝吧。喝完等酒精略退一下我們再回去。」

說完我倒了一杯給她，然後也給自己倒了一杯。

我們兩個互相看著對方的眼睛，手上的杯子輕輕地敲了一下，說了乾杯。然後我有點緊張地伸過去握著她沒拿杯子的手，她也回應著我輕輕的摸著我的手掌，像是在測量我的手掌的厚度似的，她的手柔軟而溫暖。然後我看著她的嘴唇，湊過頭去和她接吻。她的嘴唇冰冰涼涼的，我的天，這是我們兩個第一次接吻，而且竟然是在一個樹洞裡。

「謝謝。（Gracias）」她有點不好意思的這樣說。

「我也是（Yo tambièn）。」我不知道她爲什麼這個時候要道謝，而且用西班牙文，我只好也用西班牙文這樣回答。

「來吧。」她看了我一眼，然後端坐起來，搖了一下杯子，對著天花板的光檢查了一下顏色，把鼻子靠近杯子裡聞了一下，隨意地喝了一口。「酒色很鮮豔，像是 Gamay、Bordeaux Clairet、Alicante Bouschet、或是較深 Rose 的顏色，濃郁的紅色水果香氣，裡面有明顯的山櫻桃、黑李子、一點點櫻花漿……」接著她說了一些結構、酸度、單寧、發酵、泡皮、酒精度之類的學院派式的專業描述。

她是一個對葡萄酒非常有才華的女侍酒師，味覺也非常的靈敏，她可以輕易地辨別出酒中的各種滋味，也可以做出很細緻而確實的評論。她還曾參加一些評鑑活動與比賽，據說她輕易就打敗了大部分比行業內成名已久的前輩。但可能是因爲太年輕、太可愛、遭嫉妒、不社交、或是被打壓的緣故，她並沒有受到應有的肯定，但還好她也不是很在乎，或許在侍酒師這樣的一個行業不是有才華就可以的吧。

起碼我一直是這麼認爲的。

＊　＊　＊　＊

我醒來的時候是清晨兩點，戶外的天色還停留在晚上的樣子。馬路上靜悄悄的，沒有一絲聲音，窗外遠處的霓虹燈有氣無力地閃爍著。我吸了一口氣，舌頭上與喉嚨裡面好像還保留了一點那個酒的滋味。我無意識地看了一下牆上的關於里約熱內盧的電影海報發呆了一下，然後掙扎地爬起來打了一通電話給剛才和我在夢裡接吻的女朋友，對她描述了一下我的夢境與那瓶酒，那個浪漫的吻，**還有我對她沒由來的思念**。

「噢，好巧啊，我今天……噢……是昨天了，剛買了一瓶顏色很漂亮的拉克利瑪（Lacrima，葡萄品種，意思爲眼淚），那是義大利中部的一種櫻桃與葡萄的混釀，想要下次和你……」說到這裡她頓了一下，我隱隱聽到話筒了她吸氣的聲音，然後像是下定了什麼決心的樣子說。

「還是……你想現在過來我這裡，我先把酒打開瓶醒著，我們可以一起……喝一下？」

釀酒的秘訣除了技術與設備之外，魔法本來就是另一個非常重要的關鍵，那種魔法就像是愛情一樣，難以掌握。只有掌握到特定竅訣的釀酒師，才能做出其他人都做不出來的瓊漿玉液。這不是品種問題、也不是配方問題，隨著不同的日月星辰運行變動，釀酒本來就不會有固定的做法，有著關於風土、地塊、酵母、溫度、時間相關不可思議的直覺、想像力、與解讀能力，這就是魔法，是種在這個世界上只有少數人才能掌握的東西。而現在我們一般人們把這樣的魔法稱之爲才華。

這個酒裡面有著古老的野生櫻桃品種（Prunus Cerasus），單獨發酵四十天後，再與義大利古老的原生品種拉克利瑪，混合發酵三週的工藝。透過這種兩階段單獨與並行發酵的方式，提高了融合度，做出了像是魔法般的妖艷紅寶石色澤，濃郁的酸櫻桃與加鹽可樂熬煮出來的櫻桃果醬味，還帶有杏桃、西洋梨與一點熱帶水果的甜味。口感柔順、酒體飽滿、有著酸甜鹹平衡的口感，裡面有魔法般的香氣與鮮美果味。在低溫或常溫單獨飲用，會有極爲不同美妙味道與口感！

Friday.
C.W. Huang.
8.27.2021.

漫長的告別　Louis Roederer Cristal（1977）

那是一個晴朗的深秋，那年我還不到三十歲。從海德堡一路坐 SNCF 夜車到巴黎，打算在那兒待幾天後，坐歐洲之星（Eurostar）到倫敦去。沿途的景色已有濃濃的秋意，山林已染上了紅黃的顏色，我睡不著，又無法看車外的風景，只好喝著上車前買的像是染過色的鮮紅丹菲特（Dornfelder），沒有杯子就用口直接喝。

略帶甜味的丹菲特晦澀難懂，在搖晃的車廂中更是如此，**像是一本封面有著米老鼠貼紙的《查拉斯圖拉斯如是說》**一樣，只是令人更加困擾而已。那時候我還不太能體會葡萄酒的美妙之處，只是隨便買隨便喝，但我會買些書來看，努力地做一點似模似樣的描述。我身旁完全沒有任何朋友喝葡萄酒，大家都是喝啤酒與雞尾酒，所有人都**只是想要簡單地取得裡面的酒精而已，沒有人在談味道與品**

味這件事。

到巴黎時已經天亮了，我帶著一點酒意，到左岸便宜的旅館去放行李。其實我是沒什麼行李的，我只是想上床休息一下。長期的旅行讓我的身心俱疲，回到熟悉的巴黎讓我有一些心安的感覺。

這已經是不知道第幾次到這裡投宿了。這是一個非常有趣的地方，是一棟老舊公寓其中的一個單位改造而成，是一個土耳其人所有。裡面有三間房間，其中一間小套房是管理員住的，另外兩間大的房間則是女客房及男客房，房間裡面各有四個上下鋪，共可住十六人。還有一間破舊的小浴室，一間小廚房，還有一間有電視的小客廳，整個就像一個非常迷你的青年旅社。

睡了一下之後，起床已經是黃昏了，沒什麼想去的地方，我只好出去附近超市買了點熟食當晚餐，然後順便帶來一瓶便宜的加亞克（Gaillac）來喝，百無聊賴地打開電視看著TV5。電視上演的是一個歷史性的節目，談著拿破崙的胃病、憂傷治療、康斯坦斯甜酒（Vin de Constance）和他的戰術之間的關聯性，我看得津津有味。不知道爲什麼，**只要專心一陣子，就算是法文節目也好像是可以看得懂的感覺**。

今天旅館的生意非常的不好，空空盪盪的，土耳其裔的管理員出門時還請我幫她看家。不一會兒，有一個女孩從外面回來，我們彼此用英文打完招呼後，我就邀她坐在我旁邊和我一起看電視。

非常漂亮的年輕女孩子，提著愛馬仕（Hermès）的包包，Tod's的眞皮高跟馬靴，凸顯出美好的身材的淺藍貼身套頭毛衣，然後再穿上一件全白色的外套，手上有幾個簡單而俏麗的戒指，看起來就像是一位精心打扮有教養的千金小姐。我一瞬間仿佛像是看到木製音樂盒打開時的美麗瓷娃娃，隨著音樂在我面前旋轉著。醫生適合白袍、上班族適合西裝、而美麗的千金小姐本來就適合精心打扮吧。

她是如此的精緻閃耀，一走進來就立刻顯得這個旅館太破舊了，而我們一起坐的這個褪了皮的沙發也太俗氣了。這種格格不入的氣氛，讓人覺得她在這裡是一個非常不自然的一件事。像她這樣的女孩應該出現在布里斯托酒店（Hotel Le Bristol）、雅典廣場酒店（Hotel Plaza Athénée）、或是莫里斯酒店（Hotel Le Meurice）的大廳才是。

我從廚房拿了一個杯子給她，順手悄悄地用紙巾把上面的泛白水漬擦乾淨，幫她倒了一杯酒，我們一起喝了幾杯，她一面喝一面皺眉頭，但並沒有多說什麼。她告訴我她是陪她爸爸一起來歐洲出差的、今年大學畢業、第一次到巴黎、爸爸是某企業的老闆，現在和秘書現在到北歐開會去了，留她一個人在巴黎。可能是作業失誤的緣故，她陰錯陽差地住到這個旅社來，而她巴黎朋友又有事到南法去了，所以她只好自己一個人在巴黎閒逛，參加市內旅遊（city tour），坐坐蒼蠅船、逛逛拉法葉百貨公司及埃菲爾鐵塔。還有，她覺得這個旅社很酷，和她以前住過的都不太一樣，語氣聽起來不像是客套話。

她問我對巴黎熟不熟，有什麼地方好玩。

「噢，多得說不完。」我歎了一口氣說。

我給她幾個建議，但對這個精心打扮的千金小姐都有些難度。我教了她幾句法語，她也拿小筆記本出來抄，但我法語也不夠好，我只會用蹩腳的發音講五十句左右的實用句，不一會兒我們就放棄了。

就像是在漆黑的洞裡玩傳接球的感覺。

過了一會兒，土耳其裔的管理員就回來了，我們三人又聊了一下子，談最近上映的電影《C'est Que La Vie》（生活就是這麼回事）及普羅旺斯的一些名勝，把這瓶結構不錯的加亞克喝完。一陣子不見，管理員變得有點驕傲，大概覺得他在巴黎這場流動的饗宴待了很久，其他人都是可憐的俗物吧？我保持我文明禮貌地回應了一會兒，就縮回房間去看我看到一半的米蘭．昆德拉《笑忘書》。

第二天早上，我起得有點晚，正在考慮今天要去哪兒時喝喝咖啡、看看書、散散步，消磨一天的時間時，她也起床了。她問我要去哪兒，我說在我明天下午上火車前我都沒事。她就問我可不可以陪她去逛逛，她可以請我吃晚餐謝謝我。

結果我帶她去蒙帕那斯山，就是有著白教堂的觀光勝地。

她眞的是一個漂亮年輕又重視打扮的女孩，陪她去玩眞是蠻享受的，像是捧著一件精緻的藝術品在街上走一樣。我們去給街頭畫家畫人像，走到旁邊的葡萄田去參觀了一下，她買了紅色鞋子和白色貝蕾帽，我則買了一雙紅襪子，我請店員用漂亮的紙盒一起包起來，我們像是一對情侶浪漫地像約會般的過了一天。

如果要用酒來形容的話，她就像是新世界的雷司令（Riesling），有著明亮的小白花香，飽滿鮮美的果味，不知道如何矯揉造作的年輕活力，雖然還是有隨著風土而改變自我的特性，但是仍然無法掩蓋它是個漂亮事物的本質。

晚上她指定要去銀塔（La Tour d'Argent）吃飯，這是一家歷史悠久但對當時的我是可望不可卽的名餐廳。我們爲了這個餐廳必須先回去旅館換了衣服，我勉強把在背包中皺巴巴看起來像是有領子的襯衫拿出來熨一下，和管理員借了條毛料領帶，穿上剛買的紅色襪子，把頭髮梳整齊綁好，讓自己看起來能夠體面一點。我在客廳一面看電視一面等她，我知道我需要等待女孩子準備，但我還是覺得有點無聊。

她從房間走出來的時候簡直像是寶石般地閃爍著光芒，幾近到了讓我難以直視的地步。她化了一點妝，戴上像是眞的鑽石項鏈，拿著一個小了一號的愛馬仕包包。她穿了露出肩膀曲線但下擺若隱若現的寶藍色禮服，簡單配上一件像是凱斯米爾材質的披肩，露出一段白皙而迷人的美腿。那是讓我走路都有點困難的程度的美麗，我一瞬間血氣上湧，不禁吞了一口口水，心中出現了一個非常複雜的感覺。

「怎麼樣。」她看著有點呆住的我，露出期待的眼神。

「你看起來……眞漂亮。」我好不容易擠出一句像是正常男人講的話。

很久以後，我才在徐四金（Patrick Süskind）的《香水》這本書最後找到了類似我當時的強烈感覺。那是一種綜合了仰慕、嫉妒、鄙視、自卑、饑渴、佔有慾、與希望和對方合而爲一的強烈而複雜的慾望，那種心中的悸動與身體的震撼讓我現在都還記憶猶新。

而由於餐廳的席位都已經事先由她爸爸的秘書預定好了，我們並不用擔心這件事，我們只要準時走進去說她的名字就可以了。她勾著我的手走進去銀塔餐廳裡面時，帶位的侍者露出一點困惑的神情，像是看到王國的小公主勾著流浪漢走進了餐廳一樣。

進了餐廳之後就完全是她的舞台了，她完全知道如何應付全法文的複雜菜單，她典雅有禮的展現她良好的教養，大方而得體地引導我一起討論我們這一餐要點什麼菜，所有的事情恰到好處，不會炫耀張揚也不會傷害我的自尊心。接著她教我如何用手指和侍者溝通點菜，她悄悄地告訴我許多法國名餐廳的侍者都不免有點驕傲，但是不用太在意。「我爸爸常說，**法國侍者不應該是你與美食之間的障礙**。」她說。

「反正記得你自己是文明有教養的客人，因此自信的微笑與說『請』（s'il vous plait，SVP）是最重要的，**如果有必要時只要故意把英語說快一點就是了**。」她眨眨眼微笑地說。她可以把 SVP 這個字發的非常自然，像是那串閃亮的鑽石項鏈在她胸前一樣的自然。

於是我用手指在菜單上向侍者點了全套的餐點，我記得包含了某種魚腸、沙拉、湯、巧克力等不同的菜色，而主食當然是世界聞名的血鴨（Canard Au Sang）這道菜。我們後來還拿到了一個獨立的鴨號，具體數字是多少我不太記得了，大概是八十幾萬號左右吧。

點完菜之後，侍者從旁邊遞給我一本像是巨大的字典一樣的書，嘴角露出像是得意的微笑，問我們要點什麼酒佐餐。由於那本酒單實在太過巨大了，我接過來一時楞那裡不知所措，**感覺這像是一本魔法書般**，沉重異常，完全不知要從何開始。

這時候，她緩緩地伸過手來把她手蓋在我的手上，輕輕地壓住我的手，阻止我打開那本重達八公斤重的酒單，然後很自然地看著我用英文說：「親愛的，我們不用看酒單了。我們從水晶香檳（Louis Roederer Cristal）開始，接著再來半瓶香貝丹特級園（Chambertin Grand Cru），最後配上一瓶拉圖堡（Château Latour）或拉菲堡（Château Lafite Rothschild）就可以了。年份、醒酒什麼的……就請他替我們決定吧，你覺得呢？」

我看了侍者一眼，向他點了點頭，他也對我們做了一個了解的微笑，說了幾句類似美好的選擇，這將是完美的餐酒搭配之類的法文，然後機靈地把酒單從桌上拿了過去。

「我伯父說他大部分的法國料理都是這樣搭配的。其實這些酒我應該都喝過，只是除了香檳之外，我都不太記得就是了。」她吐了一下舌頭，然後像是在安慰我一樣又伸過手來蓋在我的手上，她的手涼涼的，我則像是拆彈員解除了炸彈一樣，如釋重負，鬆了一口氣，靠在椅背上時我才發現我背後都是汗。

「其實我最喜歡香檳，不知道是誰說的，香檳是唯一女人喝過還能保持美貌的酒。」她看了一下桌上的杯子說了一些我完全沒有聽過的品牌與事情。「而且水晶香檳的氣泡很細緻，如果用好的杯子看起來會非常浪漫呢。」

香檳非常好喝，我還記得年份是一九七七年的，兩瓶紅葡萄酒也非常好喝，晚餐也非常的好吃。**那是我一輩子吃得最不知所謂、最昂貴、最美味、也最夢幻的一餐。而這個記錄到現在一直都沒有辦法同時被打破。**

喝完咖啡回到旅館時已經半夜了。今天旅館人有點多，許多人一起在大廳聊天，我們也坐下來聊了一會兒，可以感覺有幾個小男孩對她蠢蠢欲動的樣子，空氣中瀰漫著一些詭異的氣氛。熄燈後，我們偷偷地從房間跑出來在客廳中會面。我伸出手來抱著她，用我的大外套蓋住我倆，靠在一起聊天，然後一面喝著晚餐沒喝完的一九八二年拉菲堡。

她告訴我她懷疑她爸爸根本不是和秘書來出差的，那個秘書是他的情婦，他們是一起出來歐洲玩的，但我問了一些細節，我不覺得他爸爸有什麼問題。無論如何，我想這個事情對她造成很大的困擾了吧。

後來我們就開始聊一些歐洲的奇聞趣事，黑暗中我可以感覺她的眼睛閃閃發光。很自然的，我們開始深情地接吻，她緊抱著我，我把她的小手放到我的背後，讓我們兩個人的身體可以貼在一起，我們都變得非常地興奮，我可以感受她生怕發出聲音而用力咬著我的脖子，像是吸血鬼一樣。她細緻而漂亮，全身像是那瓶金色的水晶香檳一樣的閃閃發光，我把手伸到她嘴裡讓她輕咬著，然後溫柔的從頭到腳，不漏掉任何一個地方，吸吮、輕咬、吻遍她全身。我想把她吃掉，我想讓她把我吃掉，**我想讓她變成我的，我想讓我變成她的，我想把下午看到她穿禮**

服時的那種想要與她合而爲一的慾望發洩在她身上。我無視她的等待，一直到最後我忍不住的時候才向前一步，然後劇烈地、粗暴地，像是在佔有她似的直到最後。

因爲實在太累，後來我們就蓋著我的大外套在沙發上相擁著睡著了。天亮前，我把她搖了起來，親了她一下，我們把衣服整理好，各自回房睡了。

隔天早上我起床時，她已經幫我烤好吐司，切好了起士，打扮得漂漂亮亮地在餐桌上等我了，我嚇了一跳，應該是露出了一個不可置信的表情吧。她則對我眨眨眼，像是對我說**昨天晚上的事情都是眞的，並不是一場夢噢**。我想其它住客應該也都覺得奇怪吧，我在衆人的眼光之下坐到那份精準而發著光的早餐前面，我們在詭異的氣氛下吃完早餐，吃飽後我就 Check-out 出門了。

由於我晚上就要去坐歐洲之星回倫敦，車票已開好了。她卻還有三天的時間一個人在巴黎，我們只能牽著手在街上隨便上晃晃。我回請她去里昂火車站（Gare de Lyon）二樓的那間金碧輝煌的藍色列車（Le Train Bleu）喝咖啡。她問我有沒有女朋友，可不可以做她的男朋友之類的事情。我搖搖頭，然後點點頭，接著她就開始叫我親愛的，我們在落葉的高架散步道上一面走路一面接吻，然後她把手伸到我的口袋中取暖，我們親密地像是一對熱戀中的情人。

我一直在掙扎著要不要留下來陪她幾天，她的眼神也透露出這樣的要求。但我身上已經沒錢了，我也不希望用她的錢（她身上有大約有三萬元美金左右的旅行支票，還有一張特殊的黑色聯名信用卡），她也不想特別離開巴黎去哪裡玩，所以只能無聊的等她爸爸回來接她回國。但我無論如何想要回倫敦去，因此還是只好讓她在日落之前送我到北站（Gare du Nord）乘車。

上車過關前，她一直低頭不語，緊緊地抓著我的手不放，我也感染了她的氣氛，覺得離情依依了起來。我把車票拿出來，準備遞給收票員，在最後要入關的那一刻，我們熱情擁吻，兩個人都欲罷不能，我感受到她的唇，她的小手，她的體溫，她的淚水，及她的依依不捨。我們暫時堵住了英法來往的出入口達三分鐘之久，而那也可能是我一生最長的一次接吻。

等我們停下來時，我才發現，出入口的收票員已經站出來在幫忙指揮出入的交通了，收票員還對我們眨眨眼，頑皮的對我們笑了笑，一副很習慣這種場面的樣子。周圍的旅客也停了下來看著我們，有些人則改走另一個出入口，沒有人看起來不耐煩的樣子。

她不好意思地低下頭，對我說：「記得打電話給我」。我點點頭，然後她摟住我的脖子，又親了我臉頰一下。我們道聲再見，我目送她消失，然後轉身離開，我找出折得彎彎的車票，胃裡好像沈著一塊重重的鉛錘。當我拿出車票給收票員時，那位收票員還微笑地跟我說了一句法文，我聽不懂，只好對她微微笑，點了點頭，以文明的禮貌對他說了聲：「Oui !」，然後通過了收票口。

上車後，很快的就進入了又長又黑的隧道，我陷入了一種無以名之的哀傷情緒，我怎麼樣也無法睡著，於是走到餐車裡忍痛買了幾瓶昂貴的小瓶威士忌，加了冰塊在餐車裡大口大口的喝，只求一醉，最後一路到滑鐵盧（Waterloo）車站爲止。

回到倫敦後，我打幾次電話給她，但她的電話沒有開機。過了半年左右我又打給她一次，這次打通了。她告訴我，她爸媽已經分居，而她現在已經變成了同性戀了。後來我換了手機把她的電號碼話搞丟之後，就再也沒有聯絡了。

＊　＊　＊　＊

開始喝葡萄酒之後，有一天我忽然回想到在銀塔的那本厚重得如魔法書的酒單的事情，我想起了那個時候酒單封面的觸感，以及她涼涼的小手。我有時候會想，如果當時我打開了那本書，或許一切都會不同了吧，但究竟會怎麼不同，具體什麼的其實我也不知道。當天喝的那些酒後來都也都曾再喝過，只是時間不一樣，地點不一樣，人不一樣，什麼都不一樣了，一期一會，一生一次，或許人生就是如此吧。

＊　＊　＊　＊

許多年以後，我讀了雷蒙．錢德勒的《漫長的告別》（The Long Goodbye），這位偉大的冷派硬漢花了幾百頁的篇幅來寫一句再見，每次看了之後，都會有一種不知道什麼東西在心中悄悄消失的感覺，是一個有點哀傷的作品。記得書上最後是這麼寫的：

我們道聲再見。我目送計程車消失。我回到台階上，走進臥室，把弄亂的床鋪整個新鋪好。其中一個枕頭上有一根淺色長髮，我的胃裡好像沈著一塊重重的鉛。

法國人有一句話形容那種感覺……那些雜種們對任何事都有個說法，而且永遠是對的。

道別等於死去一點點。

到底有多少男人曾經被問過這個假設性問題

Trockenbeerenauslese

「現在飛到月球只要一天，比林白從紐約飛到巴黎的時間要短多了。」

前排的乘客用興奮的語調說著，他們應該也是一對抽中 Aurora Bier（極光牌啤酒）月球之旅的旅客。其中那個大叔是一個房地產業務員，是個典型的洋基佬，他三年前離婚，有一個十四歲的女兒。旁邊的則是他女朋友，在超市工作，他們兩個一年前開始同居在一起，預計明年結婚。

他們像是率直簡單而容易相處的人，但對話中卻隱隱透露著一種「美國就是全世界」的優越觀點，顯然很高興的一路都在講話，而且聲音有點大。因此在飛上地球低空軌道後，半架太空船上的人都已經很瞭解他們全家的生活狀況和細節了。

「前兩年波爾多的那個……那個叫龍船酒莊（Château Beychevelle）開始嘗試著在無重力的狀態下進行橡木桶陳年，看看在無重力的狀態下葡萄酒的味道是不是會變得更好。」我一面忍住睡意，一面保持桌上的餐具與食物不要飛起來，一面聽前面的大叔滔滔不絕的介紹，「這是一個花了大錢的計劃，由美國的一個叫孟德斯克（Montesqu）的生物技術公司和法國酒莊的合作，我們到向日葵太空站時應該可以看到那個用四條鏈子拉著的橡木桶在空中浮著。」

這是俄羅斯房地產大亨叫安德烈．帕夫柳琴科（Andrei Pavlyuchenko）成立的太空旅行公司，他有幾台 AXON 型的太空船，主要目的是用來接送他的客戶往來他在軌道上的太空旅館用的。整台太空船的內部看起來十分前衛，所有的內部材質都是碳纖與合成金屬物質，配色也很有品位，顯然出於名家設計之手。

我們正在吃的是號稱史上第一份商業太空船菜單。據說這是由這家民營太空船的老闆本人自己開發的菜色。前菜只有冷盤和沙拉，主菜可選牛排、鴨胸、烤蔬菜等三種太空罐頭，甜點是巧克力布朗尼或法式冰淇淋。飲料則有極光紅茶、極光咖啡、極光紅葡萄酒、極光啤酒、與極光甜白酒。

而這次的太空軌道旅遊也是極光甜白酒的產品上市行銷活動之一，這是極光集團在不知道是奧地利還是德國生產的葡萄酒，至於做啤酒的公司爲什麼也對生產甜白酒有興趣，我則完全不知道。

我並不是啤酒愛好者，中獎純粹是爲了讀書會時朋友指定要喝極光啤酒，喝完後在空瓶再生回收時才知道中獎的。還記得那天的讀書會的主題是「夫妻作家」，我選的是沙特紙本的《嘔吐》，我的女朋友選的則是電子版的西蒙波娃的《第二性》。雖然我比較喜歡西蒙波娃寫的《我的美國之旅》，但我並沒有特別表示我的意見。

這些餐點都是在地球上做好，然後用在船上用微波爐加熱的，並不是太空人吃的那種要加水的脫水食品。而是所有東西都放在罐頭或鋁箔袋裡面，然後用奈米磁鐵化的餐具固定在桌上。我點了牛排，牛排不是培養肉做成的，而且看來經過了某種程度的熟成，鮮嫩多汁，非常美味。

但我實在太睏了，只好吃了一半讓牛排像風箏一樣在桌上飄著。

「沒有蘑菇醬或火山黑鹽嗎？」我無意識閉著眼睛向旁邊的她說，她是大學裡面的德文老師。

「不能要求太多，這不是在地球上啊。」女朋友說。

「頭好暈啊，每次坐飛機我都缺氧。」

「不要邊吃邊睡啊。而且這不是飛機，這是太空船啊。」

「契科夫、村上春樹、包盧拉……好像都寫過愛睏的人的事情，想睡覺是很正常事情啊。」

「傷腦筋，怎麼會這樣呢？」她搖了搖我的肩膀。

「拜託，只要讓我保持這樣五分鐘，等一會我就好了。」我想我是放開了我的叉子，然後又把它從空中抓回來。

我們是在德國葡萄酒課程時認識的，她是那個課程的翻譯兼助教，她可以把那些的很長的德國葡萄酒專有名詞拼出來，也會不厭其煩的把 Qualitaswein bestmmter Anbaugebiere、geschutzte Ursprungsbezeichnung、Liebfraumilch、Verband Deutscher Prädikatsweingüter、Große Gewächse 之類像是咒語的詞，一個字一個字教我怎麼拼寫，完全不會縮寫成 QbA、VDP、或 GG 來敷衍了事。她是一個工作認眞、喜歡嚴肅地開玩笑、愛吃西班牙火腿、**相信純粹理性的愛情與純粹理性的批判**，有著單眼皮、髮長及腰，身材勻稱的女孩子。

「拜託不要再這樣了，這是我們第一次到太空。你已經從起飛睡到現在了，你起碼陪我看一下窗外的地球吧？」她在我的耳朵旁邊這樣說，她馬鞭草味的洗髮水的味道讓我稍稍清醒了一下。

「很漂亮啊，那裡是紐西蘭吧？」我勉強張開右眼看了一下窗外。

「拜託你認眞一點，你怎樣才可以不要睡覺。」她說。

「你講點刺激的事情讓我聽一下吧。」我說。

「嗯……其實我是外星人，從天狼座來的。」她說。

「這是上個月我們看的電影演的吧。」我連頭沒有抬起來就回答了。

「呃……窗外那是飛碟吧？」

「前面那位大叔講得都比這個有趣……這樣我真的會睡著啦。」

忽然她一陣沉默，然後用認真的語調說：「**我好像懷孕了**。」

「真的嗎？」我說。**這是個任何男人都無法抵擋的殺手級句子**，我不禁抬起頭來看她的表情。她的表情嚴肅中帶有笑意，眼角上揚，讓我真假難辨。

「其實我也不確定啦，只是有點遲到。」她看我嚇壞了的樣子，做了一個童子軍宣誓的三指併攏手勢，吐了吐舌頭說，「反正我們現在在太空軌道上也不能怎樣。」

這時背景傳來前面大叔的熟悉聲音：「……二〇〇九年國際聯合太空站的廁所損壞。由於浴室裡的泵故障，導致整個浴室淹水，而這個又與太空站的污水循環系統相連，導致所有……『**東西們**』都在無重力下飄來飄去……唔，這個牛排眞好吃……太空人無奈下只好戴上護目鏡和面具通衛生管道，但他們拆開了分離間後仍無法修復……」

「……最後只好緊急讓一周後的太空梭配送零件來才解決了問題。這是人類太空史上的第一個『民生危機』……啊，嘴裡的醬汁飄出來了……啊嗯，謝謝！謝謝！吸回來了。」

我想我已經完全清醒了，於是按了座位的服務鈴。

空姐一直在我們旁邊空中飄著，拿著一個像吸塵器的東西，緊張的把浮在乘客周圍空中的麵包碎屑與酒水吸進去。「請給我兩份甜白酒和冰淇淋，謝謝。」我招招手對空姐說。空姐確實地點點頭，飄過去拿了兩個鏡面鋁箔袋和袋裝冰淇淋回來，然後幫我們把開口打開。

「Prost！」她用德文祝酒。

「嗯……你也是。」我忽然開始擔心孕婦是不是不能喝酒的問題，所以猶豫了一下。

這個甜白酒是摩澤爾—薩爾—魯瓦（Mosel-Saar-Ruwer）產區的TBA（Trockenbeerenauslese，精選乾顆粒貴腐甜酒）。發亮的鋁袋上面貼著印刷精美的酒標，年份，產區、葡萄品種、酒精度等標示毫不含糊。我搖了一下我的訊息手環，在桌上投影了產區的一些相片。葡萄爲了充分吸收陽光，必須種植在坡度六十度左右的面南山坡上，因此所有葡萄只能手工採摘，雖然每年都有人因爲採收而受傷，但那裡的風景看起來確實非常的壯觀。

現在酒的溫度冰得剛剛好，喝的時候，只要把酒吸進口中，舌頭翻攪，酒液與空氣就會在無重力的口中自然混合。唯一的缺點是沒有辦法用杯子，少了一些聞味道和轉杯子的樂趣。我記得去年看過一位叫「老師」的葡萄酒大師示範過如何在太空品嚐葡萄酒的影片，聽說今年老師也會再上太空站直播一次，這是一個全世界葡萄酒界的大事[6]。

搭配甜酒的甜點是一種號稱宇宙冰淇淋的食品，這種冰淇淋是一種也可以常溫下食用，而且會在口中融化的奶油做成的，只要溫度對了，口感和眞的冰淇淋一模一樣。據說這個產品從阿波羅登月時代就有了，但這個義式口味則是爲了和這個極光甜白酒搭配而特別調製的。

我們一面喝著酒，她把身體靠在我身上看著窗外的夜色，然後手放在我的肩膀上輕輕地撫摸著，氣氛非常的好。

「**如果眞的懷孕了，你覺得我們該怎麼辦。**」她又露出那個似笑非笑的表情，睜大她的眼睛問我。

我低頭看著她，思緒紛亂，一時之間說不出話來。**我想著這個地球上到底有**

多少百分比的男人曾經被問過這個假設性問題，等一下我一定要悄悄地用Google查一下，然後再查一下看看他們都是怎麼回答的。

可能是無重力影響口感的緣故，TBA在口中的餘韻變得有點偏酸，失去它應有的平衡感，但味道仍然還是飽滿美好。鋁箔袋中的酒液略微滲透了一些出來，在窗戶旁內映照著夕陽，像是魔法黃金水珠般在無重力的軌道上漂浮著。

「人類在無重力下無法流淚，淚珠只會堆積在眼眶裡面，沒辦法流下來。二〇〇三NASA的一次太空漫步任務……那個叫做克里斯還是克里斯多福的……差點因爲流淚而導致任務失敗，所以……人類在太空中最好不要有太大的情感波動……」，前面的大叔也不放過我們，適時地發表著他的見解。

註

6 詳見《擴散，失控的DNA》一書。

將軍　Krug（1914）

將軍以脾氣暴躁與葡萄酒收藏出名，而他這兩樣特性——根據某法國雜誌的說法——當世無人可以與之匹敵。

他在他們國家首都北方郊區的一個營區的地下防空洞裡的貯放了三十萬瓶酒，而那個防空洞在戰爭以前是做爲軍火庫使用的，聽說現在只剩下一些高毀滅性的秘密武器存放在那裡面。根據新聞報導的資料，這個「軍事酒窖」（Militarized Wine Cellar）位於一個巨大岩層下方，四周與天地板都用厚度兩公尺以上的鋼板包圍著。而裡面的儲放環境非常完善，用了最先進的軍事級技術與裝備，而防盜與監控技術也是世界一流的。

「聯邦儲備局金庫的安全系統和它比起來，簡直就像是小豬撲滿一樣。」一位技術人員看了地窖的規格後曾經這麼說。

地面有兩個加強連的部隊專門駐紮在酒窖的出入口，東北五十公里外還有一個中型空軍基地，專門負責著保衛著這批相當於一個小國外匯儲備價值珍釀的任務。同時設了各種類似靜脈、面部、指紋、眼瞳等難以想像的先進辨識系統，除了將軍本人，沒有人可以自由進出地窖。

據說連美國DAPPA發展綽號「地鼠」的鑽地炸彈當初都是以這個「軍事酒窖」的規格與堅固程度爲假想目標來進行研發的，而CIA、MI6、Mossad、KGB也是以入侵這個地窖作爲訓練時的想定案例模擬的。

「這裡的酒的品質與保存從來都沒有問題。」將軍接受《RVF雜誌》訪問時曾說。「我們有超軍事規格的保存系統。」

「這裡也是全世界最安全的飲酒場所。」將軍接受《時代雜誌》訪問時則說「卽使核彈在酒窖上方爆炸，這裡的酒還是安全無憂，酒杯中的酒也不會溢出來。」他還自豪的說。「而且這裡只要從裡面關上了。怎麼說呢……連外星人都攻不進來。」

將軍就是一位這樣自負而有爭議的人，他諳熟西方世界的媒體操作，也上過多次《時代雜誌》的封面，算是一號頗有影響力的人物。「喜愛葡萄酒的軍事強人」是大多數媒體對他的稱呼。

當然，毀謗將軍的葡萄酒的人也不少，因爲除了知道將軍年輕時在瑞士與法國上過大學之外，他的葡萄酒知識與品鑒能力是如何培養的一直是個謎。但自從將軍邀請了幾位世界級的意見領袖與MW（Master of Wine，葡萄酒大師）在巴黎共同晚宴後，幾乎所有人都一致地改口，肯定將軍在葡萄酒上面的專業、慷慨、與品鑑能力。

「將軍的葡萄酒品鑑力是毋庸置疑的。」一位MW對著鏡頭搖搖頭不可置信地這麼說。「雖然我不知道他是何時去研究或走訪那些產區與酒莊的。」

「雖然這樣說對很多朋友不好意思，但我覺得將軍絕對有MW等級的實力，我很期待有一天能去他的『軍事酒窖』看看。」另一位世界級的葡萄酒評論家在雜誌上公開表示。

將軍的國家曾在多次危機中渡過，其中包括了重大的幾次天災、政變、叛軍、與鄰國的戰爭。將軍總是能迅速的統合全國的力量，帶領著他們國家歷任的總統，一起給他的敵人一個迎頭痛擊，殘酷而有效地解決這些重大危機。他的朋友不多，但仇人卻不少，將軍之所以能在這個世界上屹立不搖是因爲他掌握了一些關鍵戰略地位與資源，而且在地緣政治下成爲冷戰時期美俄國兩大勢力輪流拉攏的對象。

我收到將軍請帖的第二天把請帖拿給總編輯看的時候，他驚訝地嘴巴無法合攏，只能吶吶地說，希望我能代表報社與國家，用較爲柔性的角度對這件事進行採訪報導。他在說這段話的時候眼中充滿了妒意，他從來沒有想到這個機會竟然會落在我這樣的一個年輕女記者身上。我知道這是他的沙文主義在作祟，我對他做了一個優雅的微笑，然後說了段一定不負所託之類的話，然後輕輕地帶上門，離開他的辦公室。

這次請帖中的行程主要是和平協議的簽訂，我們與將軍的國家在數年前曾發生幾次小規模軍事衝突，雙方曾劍拔弩張地緊張了一陣子。這次的和平協議對區域穩定有重要的意義，而參觀軍事酒窖只是一個「表示友善的附帶行程」。簽約的代表團與媒體雖然龐大，我們國家卻只有我與副總理受邀參觀將軍的「軍事酒窖」。

但其實我的心中憂喜參半，喜的是我能參加這一場世界級的盛宴，這是我新聞職業生涯的一種成就與專業地位的肯定；憂的是有某個國家的情報單位開始接觸我、威脅我、甚至恐嚇我，他們表示可以負責提供我送給將軍的禮物酒——一九五六年的木桐堡，至於裡面添加了什麼我則不能過問。「這當然不行。」我一口回絕了。「許多人收到酒時是會立刻打開了一起喝的，我還想要活著回來。」

連我最近認識的英國男友——在BP工作外派的一位國際部經理，也不止一次地表示對將軍酒窖中的情形感興趣。他是一位綠色眼珠黑色捲髮，帶著黑色膠框眼鏡的幹練男人，我們是在記者聯誼會認識的。他和我的前男友屬於同一種類型，非常地斯文而有生活品味，我喜歡他摘下眼鏡凝望我的神情，我們一見鐘情，幾乎每天都膩在一起，和他在一起我會非常地有安全感。但我對我收到請帖的事情絕口不提，只說我必須和報社一起到鄰國出差的事情，因爲**我懷疑他可能根本是個外國型男間諜**。

我們一行人搭了將軍那個國家的航空公司專機，到了他們的首都機場。在飛機到達停機坪的時候，有一輛上面架著機槍的黑色吉普車及一隊士兵在等著我們。來接我們的是一個英語說得非常好的少校，他有著非常高的個子，看起來英挺瀟灑，手指很長，氣質看起來也不錯，可能是在耶魯或哈佛大學之類的學校受過高等教育。他穿著黑色但上面充滿各種發亮勛章的軍禮服，戴著一頂上面有雄獅徽章的黑色軍禮帽，看起來無懈可擊。

少校驗證了我們的身份之後，把我們帶到市區的高級招待所，很客氣的要求我們留下所有的行李，包含男朋友送我在路上看的《沒有人寫信給上校》。同時請我們做了一個很詳細的全身安全檢查，他非常客氣而且不卑不亢，不但談吐得宜，用字也非常的優雅，應對非常的得體。我不禁心中吶罕，眞不知道這樣的人才是將軍從哪裡找來的。

「國際局勢那麼緊張，兩伊戰爭才開始。共和國內外也有很多的敵人，各國情報組織也對我們虎視眈眈，我們兩國的關係進展必須更加謹愼小心。我想您是知道的。」少校很客氣的用了緩慢像是催眠的語調，然後說完後像是在誘惑我對我悄悄地眨了眨眼。

他是如此的胸有成竹，讓我不禁對他點了點頭，因爲我知道確實如此。

我們坐上了軍車後就直接進入了營區。將軍本人站在地窖入口的一座像碉堡的建築外面等我們，他很親切地和我們一一握手之後，就將我們帶入了碉堡裡面。他露出一個有點困擾的笑容，說明這個時候的天空上面應該佈滿了間諜衛星，因爲所有的人都好奇下面有什麼。「我們的聊天與對話最好在地下酒窖裡面。」他說。

進到碉堡裡面才發現，這是一個像是室內體育場的地方。室內的廣場中有三層鐵絲網，而酒窖的入口在廣場正中間。任何人要進到酒窖裡都無法長驅直入，必須在四周遍佈機槍與監視器下繞過三層鐵絲網才能走到入口。酒窖的大門是一個像是平面電梯的地方，將軍在確定所有人都上了平台之後，就對少校點了點頭，平面電梯就緩緩地平滑的向下降，出入口的重厚鋼門也慢慢的關了起來。這時候從外面看，應該就像是一個洲際飛彈的地底發射口吧。

下了大概有一百公尺左右吧，一路上有大概十個左右的厚重鐵門在我們通過後陸續關了起來。之後電梯開始平移，最後進了一個巨大的室內廣場的角落停了下來。這是一個大概有三層樓挑高的地下空間，有三個籃球場大小，除了酒窖的這個角落，遠處有些東西用黑色的布蓋著，看不清楚是什麼東西。另外，可能是爲了方便管理，所有的酒架大概都只有兩層樓高，天花板垂下了一些吊燈，但是看起來還是有點昏暗，這裡的溫度看就是一個很好的恆溫環境，所有的酒放在這裡應該可以像是冬眠一樣把時間的影響降到最低吧。

少校獨自引領我們穿過重重酒架，到了一個酒架之間的一個空地上的餐桌旁，天花板垂下了一個巨大古老的水晶燈，看起來非常的溫暖。我們就坐之後，侍酒師先倒了一杯某名莊的蒙哈榭白幫我們開胃。過了一會兒，將軍帶領了一位有點憂愁，眼角充滿了皺紋的年輕男人一起走了進來，兩個人像是在討論什麼有意思的事情一樣，有說有笑。

「今天很高興各位能來到這裡，各位都是如此有品鑒能力的專家。能代表我們國家邀請各位來這個酒窖用餐，是我的榮幸。」將軍站起來做了個禮貌的開場，表達了歡迎之意，同時也說明他還蠻喜歡軍事酒窖的這個名字，但請我們不要到處走動，宴席之後他會親自帶領我們參觀之類的。接著將軍指著那位有點憂愁，眼角充滿了皺紋的男人說：「這位是我國的總統，烏布里．迪斯科力（Uburi Discolli）閣下，明天下午的簽約儀式就將由總統閣下在總統府進行。」

接著將軍介紹了副總理和我，同時把我對葡萄酒的品鑒能力做了一個很簡短而確實的描述，顯然事先幕僚做過了一些功課。最後將軍介紹了一位頭髮稀疏戴著眼鏡的男人與他的一些事跡，這位男人是一位MW，我記得我在雜誌上看過他的報導，也曾在倫敦看過他一次，這位MW以專業認真而直言不諱出名，有一個叫「酒呆子」之類的外號。

我們站起來彼此握手寒暄了幾句，說了久仰之類的話語。將軍又說了一次久聞我的葡萄酒品鑒能力，說我是國際知名的葡萄酒女鑑賞家，因此特別要求我作爲代表來進行簽約儀式，同時可以順便參觀他的酒窖與收藏。

宴會就像一般的國宴的規格，食物、酒水、餐具、搭配等毫不含糊，這是一頓賓主盡歡的晚餐。在用完咖啡之後，將軍輕輕地拍了一下手，讓服務人員將所有的餐具都撤了下去，換上了簡單的乾果、麵包、與芝士，開始進入品酒時間。

「今天我們要喝的重頭戲是『**第一次世界大戰**』。」將軍說。「換句話說，是指第一次世界大戰年份的酒。」

「**那就是德國與法國**了。」那位來自英國的MW不假思索脫口而出。

MW協會從一九五三年開始到現在，一直都只接受英國人申請，因此現在全世界所有的MW都是英國人。一開始這樣沒有什麼問題，但時間一久，這些MW就被人批評像是個自吹自擂的「英國佬小圈圈」，因此這幾年開始有人想要成立另外的一個更開放的組織。雖然一直有傳言MW協會在這樣的批評下，這兩年將會將開放非英國人申請，但也一直還沒有正式公佈。

將軍聳了一下眉毛，顯然對這位MW插嘴說破了這個主題有點不高興，但他還是保持了他的風度接著說。「眾所周知的是，第一次世界大戰德法兩國在法國北方對峙了好幾年，這造成許多產區的產量非常的稀少，同時也因爲戰爭的影響，周邊產區所產的酒裡面都含有一點點硝煙味與鋼鐵味。這就是今天主題的一個重點。」

我心中快速的算了一下，這大概是六十多年的老酒，也是頗有年紀了。這個主題很新穎，確實是我從沒有想像過的。我看了副總理一眼，他看起來也覺得很有意思的樣子，靠在椅背上微笑著。

「一九一四年九月四日，德國部隊開始向香檳區的埃佩尼（Epernay）進軍。但在葡萄採摘開始的前一周，盟軍忽然反撲攻打德軍，埃佩尼才得以保住。因此，一九一四年的葡萄才能順利採收與生產。」將軍親自說明。「我在三十年前喝過一次一九一四年的香檳，味道非常棒，雖然沒有什麼氣泡了，但裡面也確實有著硝煙味，這樣子的複雜滋味與張力非常的特別。」

「眞是一個獨特的經驗啊。」副總理感歎說。

「現在開始就是今天的重頭戲——一九一四年的庫克（Krug）香檳，所謂香檳區的世紀年份。」將軍用一個有力的尾音宣佈，然後就自己開始鼓掌，我們也跟著一起鼓掌。

侍酒師在我們幾個人的掌聲中將放在冰桶中的香檳推了出來，除了那瓶一九一四年的老香檳外，旁邊還放了兩瓶一九五六年新年份的庫克香檳。在展示酒標等細節讓我們看過後，侍酒師就用了一個我沒看過的特殊手法將酒塞謹慎的拔了出來。他先把香檳倒在醒酒器中，再用醒酒器緩緩幫我們每個人都倒了一口的分量在白葡萄酒杯中。酒色看起來很渾濁，而且有點深，有點像是陳年雪莉酒的顏色，酒液的邊緣有些微小的氣泡，但這是不是原來香檳中的氣泡就不得而知了。

侍酒師把這些酒杯放在銀盤裡面，然後端給我們一人一杯，看起來顯然是舉杯要用的。我們每個人都低頭露出期待的眼神看著放在自己面前的酒杯，我覺得我的心跳加速，呼吸也急促了起來。

「這瓶酒，象徵著我們兩國的友誼長存，讓我們一起舉杯祝賀我們兩國未來的同盟與友好關係。」將軍和我們一起舉杯祝賀。從他的動作看來，明天簽約儀式應該是可以順利進行了。

我看了副總理一眼，他雖然不動聲色，但是心中應該非常的激動。他的激動不是來自於香檳，而是因為這將是我們兩國關係的一個重大突破，也是他個人政績的一個偉大成就。副總理一直希望問鼎下一屆總理的職務，有了這次的重大成果，他可以說就相當於拿到了總理府的門票了。

將軍做了一般品酒的標準動作後，把酒喝到喉嚨裡，他閉上了眼睛一會兒，顯然非常的享受這一瓶酒的味道，露出了一個滿意的微笑。副總理也很很開心，把手上的香檳一飲而盡。

我嗅了一下，然後喝了半口。這款酒雖然有一點將軍所形容的硝煙味在裡面，但卻有明顯的保存問題，裡面有許多如潮濕紙箱與抹布的味道。我對面的ＭＷ皺了皺眉頭，臉上充滿了疑問。我雖然還在低頭聞著杯中的味道，但我用眼角的餘光仍然可感受到他的困惑，他的表情像是在說：「這個酒壞掉了，不是嗎？」

我輕輕地轉動了一下杯子，給它一點時間，然後又喝了一口。現在我很確定這瓶酒並不是葡萄酒中所添加的二氧化硫所產生的還原臭或其他雜味，而是**這瓶酒真的有些存放問題**。

「這瓶酒眞是美味，不是嗎？」將軍得意地看著大家說。

「是的，這眞是人間難得的佳釀，釀得好，保存得也好。」烏布里總統做了一個客套般的讚賞。

「您覺得呢？」將軍顯然很得意於這瓶酒的味道，也問了一下副總理。

「眞是美味的酸甜平衡，這個世界上也只有您這裡的環境能讓它完美保存。」副總理做了一個非常正面的評價，同時也趁機吹捧了一下這個酒窖。

「哈哈哈哈，當然，這裡絕對是世界最好的環境，幾十年來，我從沒有在這裡喝過 Corky 的酒。」將軍很開心的大笑。然後親自拿起酒瓶，幫我們每個人的杯子都再倒了一些酒。

我拿起將軍剛倒的酒來又喝了一口，酒的味道一模一樣。我還是有置身於一個有臭水溝流過，同時晾著抹布的房間裡面的感覺，這不是杯子的問題也不是給這瓶酒一點時間醒酒可以解決的。

我確定這瓶酒壞了，但我不確定我知道該怎麼辦。

將軍很有興趣地看著我正在喝的樣子，又回頭把剛放下的酒瓶拿在手上，準備再幫我倒一點。我不禁再拿起杯子喝了一小口，將軍聳起連成一線的兩個眉毛看著我，對我問了一句：「許多人都說，女性的味覺和男人是不同的，女性有比男人更好的鑑別能力……女士，你覺得這個酒味道如何？」

我知道，如果我直接說出實話：「這個酒壞掉了，或是這個酒TCA（Trichloroanisole，三氯苯甲醚）了！」以將軍暴躁的性格看來，這將是一個大失臉面的事情。不但否定了將軍引以自豪的存放環境及選酒能力，也直接否定了將軍、總統、與副總理的味覺與鑑別能力。這會讓這裡所有人都會下不了台，後果輕則是將軍手下負責葡萄酒的人將會受到「嚴重懲罰」，重的話可能會引起我們兩國之間的一個外交危機，再誇張一點，明天的和平協議應該也可以不用簽了，甚至我們兩個國家可能會再挑起一場戰爭，等等我們可能連活著走出這裡都會有困難。

我猶豫地四顧看了所有人一眼，將軍滿臉期待著我的正面評價；年輕的烏布里總統沒有發現任何異狀地傻傻地微笑著；我們副總理更是笑得合不攏嘴，似乎心神已經乘著時光機飛到三年後的總理府裡面去了；而ＭＷ先生則是一臉困惑，期待我能說出他心中想說的話。我腦中浮現盛怒的將軍掏出他腰間的槍立刻處決身旁的人的駭人景象，我身體與拿杯子的手不禁微微地顫抖了起來。

我轉念一想，如果我裝傻不說出來，而只是附和了將軍與副總理說法的話，我身旁的ＭＷ卻可能會直接說出來。這位外號叫「酒呆子」的ＭＷ年紀雖大，但看起來就眞的一副不諳人情世故的樣子。那麼**整個局面就會變成像是「國王的新衣」一樣**，ＭＷ很就會成爲脫口說出國王光著屁股那位的小孩，我和副總理則成了拍馬屁的人。以將軍易怒的性格來看，他一樣會顏面盡失，甚至也可能會遷怒拍馬屁的副總理和我。

換句話說，說與不說的結果可能都是一樣的。

看來是完蛋了，這眞是個「**國王新衣困境**」。我還滿心希望能回國與男朋友一起去南方海島度假的啊，我是眞心希望他不是間諜，我和他的戀情可以有個美好的結果的。

將軍看著雙手顫抖的我，還以爲我在搖杯子醒酒與細心品味。他沒聽到我的評價好像有點不甘心，於是瞪大了眼睛緩慢而禮貌地提高音量的又追問了一次：

「親愛的女士……這個香檳……你覺得呢？」

將軍的聲音在室內迴蕩著，也由於我遲遲沒有說話，氣氛忽然變得有一點點緊張，整個地下酒窖也安靜了下來，所有人都停止動作看著我，等待著我的回答，偌大的空間沒有任何的聲音，時間像是在什麼地方被關掉了。我暗自地歎了口氣，對將軍點了點頭，做了一個禮貌的微笑，輕搖了一下酒杯，一口氣把杯中的大部分的酒喝到嘴裡，把酒液含在口中吞掉，但臭抹布的味道還是充斥在我的鼻腔中。

於是我閉上眼睛，嘴巴微微吸氣，再次感受酒液在我口中的味道，心中一片混亂，想著等一下張開眼睛後究竟該怎麼回答。

費樂年　Falernian

可能是今年秋天太陽下山比較早，或者是我喝了一些加了海水的科斯（Cos）風格羅拉（Lora）葡萄酒的緣故，天才剛黑時我就已經有點醉意了。依娜依思（Inaiss）正打算把鋪子的門關起來時，一個有著夜晚般黑色眼珠與頭髮的男人，頭上罩著棉麻罩袍，手上拿著用紅布包著的雙耳陶罐（amphora），一陣風似的從門縫裡溜進了店裡來。像是黑夜的一部分進到了店鋪裡一樣，一個夜色般的男人。

男人從懷中拿出兩個杯子放在桌上，把雙耳陶罐打開，倒了些酒在杯子裡，希望請我買下他外面馬車上的酒。男人有著不太乾淨的鬍渣，膚色黝黑，肩膀寬但個子不高，眉宇之間有點兇狠，看起來像是敍利亞人的樣子。

我一直不太相信敍利亞人，他們太危險了。

「你喝喝看，我從船上拿來的。」男人把一個酒杯遞給我。

「這是什麼酒？」我問。我看了一下手上的杯子，這是銀質帶耳有腳的杯子，上面刻著一對男女在親熱的情形，男人扶著女人的腰，在女人背後做出大膽的動作，而且門外還有人在偷看。這個銀杯雕刻得很好，男女享受的神情十分傳神，看來是巧手工匠的作品。雖然或許不是很珍貴，但看起來做工很細緻。

「大家都說你在羅馬做過葡萄酒的生意，很會選酒，是這裡最懂酒的人。」男人並不回答我。「我希望你能告訴我這是什麼酒。」

我叫依娜依思把門關好，把火炬點起來。男人有點緊張地看了關上的門一眼，然後也坐了下來。

我是奴隸出身，後來成爲主人家的總管，主人其中一個工作是負責管理羅馬帝國的酒窖，因此我也有許多的機會能接觸到各種葡萄酒。我的主人在我工作十五年後同意私人釋放我和依娜依思，我們付給了主人一筆錢，讓主人買兩名新奴隸來替代我和依娜依思，我們也順利的成爲羅馬的公民。在主人的支持下，我在萬神殿旁的市場開了一間小酒鋪，爲主人的朋友與羅馬的各種不同階級的權貴與客人選酒。後來主人過世後，我們就搬離了羅馬，到這個南方小港口重新開始。

因爲羅馬的權貴政治與血腥鬥爭實在太多了。

「你聽過馬庫斯·安東尼這個人嗎？」男人說。

「我知道這個人，怎麼了？」

「西元前八十七年，羅馬的政治家與演說家馬庫斯·安東尼，因爲政治鬥爭而逃難到一位身份低下的朋友家去避難，他的政敵伊馬斯派了士兵在城裡大肆搜捕他。」男人做了一個乾杯的動作說。「這個故事聽過嗎？」

「沒有。」我說。我把杯子拿起來，不加任何水而喝了一口。嗯，這是嚇死人的酒，我一瞬間醒了過來。「好酒！」我不禁脫口而出。

男人露出牙齒做出一個神秘的微笑，拉了一下披著頭上的棉麻罩袍，接著說：「當時的羅馬比現在更重視階級，馬庫斯認爲沒有人會想到他會躲在身份低下的人家中。結果他的朋友看到貴客來臨，爲了招待馬庫斯，於是就派奴僕到市場上去買酒……」

「那應該就是爲了喝酒而出問題吧。」我忍不住說出我的猜測。我拿起酒杯，在燭光下仔細看了一下酒的顏色，我開始對這個男人與這瓶酒好奇了起來。

「你知道的。在羅馬，不同社會階層的人喝的是不同等級的酒，宴會時也是根據客人不同階層而供應不同等級酒與餐點的。不同階層的人或許會同席而坐，但絕對不會喝一樣的酒或吃一樣的東西。」男人說著我們都知道的事他情。我拿起他帶來的陶罐，把酒倒一些在我桌上的雕花分酒壺中，然後再加上一點溫水。又我們兩個人的杯子都再倒上了一點酒。

「那位精明的僕人帶了一個空的酒壺出門，在幾個酒鋪上嚐了幾種酒，都覺得不夠好，就問酒鋪老闆有沒有最上品的葡萄酒。老闆覺得奇怪，於是就從店中內室拿了最好的酒給那位奴僕。然後奴僕大方的付了錢，把酒取走了。」男人接著說。

「那個……僕人也很有水準啊，還可以分辨酒的等級。」我猶豫了一下，感歎的說。

「是啊，能有這樣能力的奴隸眞是不多啊。」男人頭也不抬，看著桌上的杯子，像是意有所指的喃喃自語。

「然後呢？買錯了嗎？還是被騙了？」我問。這是很常見的情形，很多酒鋪老闆不會判斷酒的品質，他自己就是受害者，因此就算是和酒鋪老闆再熟識也沒有用。

「呵呵……最後那位僕人買了很好的費樂年（Falernian）。但也因爲這位僕人的主人從沒有買過這麼高等級的酒，於是酒鋪老闆就悄悄地向伊馬斯報告這件事情。伊馬斯聽到了這個消息，就派了大批的士兵去圍捕馬庫斯。但士兵們湧入那位朋友家要捕殺馬庫斯時，卻被都他演講的巨大震懾力所折服了，馬庫斯對羅馬的政治與社會現況侃侃而談，破口大罵，像是在放射著光芒。所有的士兵像是被催眠了一樣，沒有人敢上前動手。最後一位隊長走了進來，看到這樣的情形，剛好趁著馬庫斯喘口氣時，痛罵所有的士兵是懦夫，抽出他的配劍，跳上去砍下了馬庫斯的頭。」男人說完後喝了一口加水稀釋的酒。

「然後呢？故事就結束了嗎？」我說。

「是啊，結束了。」

「所以與其說這是爲了喝酒而喪命，不如說是爲了文明禮儀而死啊。」我感歎的說。

「這是因爲階級制度造成的吧，不是文明禮儀的緣故。」他說。

「那你告訴我這個故事的目的是什麼？」我問。

「沒什麼，你聽到這個故事，沒有什麼感觸嗎？」男人意有所指地說。

我默默地點了點頭，這男人說得沒錯，我在羅馬看過了許多家族的各種光怪陸離、淫亂奢華、放縱無道的事情，現在其實已經都見怪不怪了。例如：有的執政官愛吃孔雀腦、有的皇帝乘坐非洲捕獲的獅子拉車、許多有錢人洗澡時都會有數名女奴隸在旁服務、還有一些貴族喜歡看男女、同性、多人、甚至人獸交媾之類的事情、更不用提死神般的角鬥士血腥演出了。

「表面上是我們戰勝了希臘人，但實際上卻是我們被希臘人的文化征服了。」我試著這樣回答。「我們很多制度與文化與希臘都是共通的，甚至是學習希臘來的。除了法律，我們很多事情都比不上希臘人。」

「這是老加圖（Marcus Porcius Cato）說的吧？」男人又喝了一口酒，然後又倒了酒在我們各自的杯子裡面。

「我也不知道，我是以前聽一位羅馬的朋友說的。」其實我是聽老主人說的。

『**噢，不是我們勝了，而是這個消失的民族征服了我們**』男人說。「我記得這句話就是他說的，老加圖一直把希臘文化視爲是一種負面的象徵。」

「那什麼是羅馬人的文化與精神呢?」我說。男人引起了我的好奇心了，他看起來不像住在羅馬，也不像是一位學者。

「我覺得一部分的關鍵也是在葡萄酒上面。」男人說。「我記得老加圖的曾孫小加圖（Marcus Porcius Cato Uticensis）曾說過，**喝葡萄酒是羅馬與希臘文化的橋樑，而種植葡萄酒則是奢淫繁複羅馬與簡約率直羅馬的平衡。**」

「這是什麼意思?」我問。

「羅馬帝國本來就是由一群農民成爲士兵後建立起來的，士兵在戰勝之後，都可以得到耕地作爲獎賞，而戰士也都會帶上故鄉的葡萄枝一起出征，葡萄酒也就隨著羅馬帝國領土的擴張，一起散佈到各地去。」男人看著搖晃的火炬說。「這個是羅馬偉大的地方，而在羅馬人的各種荒佚奢淫生活之中，透過葡萄的種植，還是可以找得到羅馬人眞實的靈魂。」

「原來如此。」我露出敬佩的眼神。

「葡萄也一直是義大利最普遍的作物，羅馬人把葡萄酒發揚光大，這件事就遠遠地超越了希臘人。」男人舉杯喝了一口笑著說。「希臘人就做不出這麼好喝的酒，所以我們的巴克斯（Bacchus）[7]的神性應該超越了他們的狄奧尼索斯（Dionysus）[8]吧。」

「呵呵，那倒是眞的，我喝過帝國的希臘酒（Greece）、高盧酒（Gaul）、西斯班尼亞酒（Hispania）、日耳曼酒（Germania）、不列顚尼亞酒（Britannia）、沒有一個能做得比我們的費樂年還好的。」我搖了搖手中的杯子，上面的情色雕刻在火炬映照下像是活的一樣，讓我忽然想起了一件事。我把酒杯遞給依娜依思看了一下，她拍了我的肩膀一下，然後靠在我身上，把手放在我桌下的腿上，輕輕地撫摸著。

依娜依思是西斯班尼亞的塔拉柯（Tárraco）人[9]，她們那裡以一種勁道強烈略帶甜味的紅葡萄酒聞名全羅馬。依娜依思是我在當總管之後幫主人買了下來的，後來她就成爲我的老婆。她的個子很高，身體健壯美麗，有著棕色的長捲髮，但髮質有點粗糙。可能是髮型的關係吧，她的頭髮垂下來時一直隱隱地蓋住她的一隻眼睛，讓她的面容一直是若隱若現的。她有灰藍色的眼珠，兩眉上揚，國字臉讓她看起來非常英挺，漂亮而高的下巴，輪廓英挺線條堅毅，側臉非常的立體，看起來就像是很有主見的樣子。

我記得第一次看到她的那天天氣很不好，天空下著一點雨雪，奴隸市場幾乎沒有什麼買家與賣家。依娜依思掀起了披肩，裸著身體站在台上，讓所有人看著她的凹凸有致的身體，淺棕色的肌膚、長長的腿、細長的腳趾、與有點大的腳板。氣溫很低，她咬著牙在台上微微地顫抖著，看起來好美，我看到了立刻就毫不猶豫我的用主人當天給我的所有的錢買下了她。因爲沒有別人出價，拍賣人連鞭子都不用打響三次，就把她賣給我了。我脫下把我的罩袍披在她的身上，看著她的眼睛，什麼話都不說，當時我就迷上她了。噢，我當然不希望她有任何的烙印，所以當時我立刻一口拒絕了烙印匠提出的要求，還有點生氣地把他推到一旁。依娜依思就像是羅馬北方丘陵所釀的紅色葡萄酒，在充分的陽光與溫暖的秋天凝聚累積，不加海水的時候會有濃烈的大地味道，會有一種讓人沉溺、迷戀，陷入其中而無法自拔的感覺，而她正是這樣敢愛敢恨、率直魯莽、而富有魅力的女人。

「所以你覺得這個酒是費樂年嗎？」男人的聲音有點興奮。

「我不懂，費樂年是什麼？」依娜依思插嘴說。

男人很奇怪地看了我一眼，我猜他應該是覺得依娜依思是個奴隸。現在和以前已經很不一樣了，但主人縱容奴隸上桌而且插嘴還是很不可思議的事情。羅馬有句諺語：「有多少奴隸，就有多少仇恨。」說的就是奴隸集體反抗起義的事情。

「傳說以前巴克斯化爲凡人四處旅行的時候，到了坎帕尼亞（Campania）周邊一個叫做費樂努斯山（Mt. Falernus）的地方。在夜幕低沉時，一位農民見他無處落腳，於是就熱心的邀請巴克斯到他家住了一晚。巴克斯爲了感謝這個農民，於是就將葡萄種子灑滿了費樂努斯山，同時把農民的牛奶都變成了上等的費樂年。」我說。「這就是費樂年這個酒的由來。」

「原來如此。」男人說。

「而費樂年名氣像黃金太陽在天上那麼高，受到許多貴族權貴的膜拜，價錢也非常的昂貴，羅馬建國幾百年來，許多文章與書籍都曾提到這個酒。」我很有耐心的解釋。拿起分酒壺搖晃了一下，看一下裡面還有多少分量，再拿起他的雙耳陶罐將酒倒到桌上的分酒壺裡面。

「所以你覺得這是費樂年嗎？」男人有點心急又問了一次。

我沒有說話，拿起桌上的雙耳陶罐仔細看了一下，這是一個小型的雙耳陶罐（amphoriskoi），是方便攜帶用的，我把整個罐子細細的摸了一遍，拋接了幾下看一下配重，再把陶罐所有的酒都到在分酒壺和我的杯子裡。**手感熟悉而順手，這個雙耳陶罐是眞的！**然後我又喝了一口，把未稀釋的酒液含在嘴裡，一點一點地慢慢吞下去。**眞是好酒，這個放在火炬旁可能會燒起來，我從沒有喝過這麼好的酒！**

「嗯，這絕對是費樂年沒錯。」我說。

「眞的嗎，太好了？」男人喜出望外的叫了出來。

「不過費樂年也有很多種，山頂山坡上的叫做考昔年・費樂年（Caucinian Falerian），這個酒很好，很有味道；而法烏斯提安・費樂年（Faustian Falernian）則是最出名的酒，也是全帝國境內最好的葡萄酒，這個酒是給皇帝、長老院、貴族、與有錢人飲用的，位於面南山坡的中段；而山腳下與周邊平地的就統稱費樂年，算是等級最低的費樂年。」我微笑著和他說明，但並不直接回答。「但即使如此，只要是費樂年，價格都會比其他的酒好多了。」

「那這是什麼等級的？」男人追問。

我不是很想立刻回答，於是伸手把男人手上的杯子拿過來看，上面是兩個男人和一個女人在親熱的雕刻，兩個年輕的男人疊坐在一起然後女人用嘴在爲坐在上面的男人口交。看起來和我手上的這個杯子是出自同一個師傅的工藝，**這是是一整套杯子的一部分**。我拿給依娜依思看了一下，她瞇著眼睛對我咬了咬嘴唇，做了一個迷死人的表情。

哎呀，難怪我對她這麼著迷。

「我喜歡這兩個舊杯子，留給我吧，如何？」我說。「我用兩瓶 Surrentine 交換，還是你想要 Setine 或是 Caecuban[10]？」

「《荒卷典俊》裡面說的，沐浴、葡萄酒、性愛會銷蝕我們的肉體。可是沒有了它們，生活還有什麼樂趣？」男人看著我手上的杯子，也不直接回答，眼角看了一下依娜依思說。

「所以這是要換還是不要？」我追問。

「好呀，哪一種酒都可以，但我要三瓶，而且我要加冰雪會好喝的那種酒。」男人說。「還有，你必須告訴我這瓶是哪一種費樂年。」

「最好的法烏斯提安．費樂年的顏色在年輕時是金黃色中透著略微渾濁不清的白色，但如果經過十五到二十五年在酒罐陳放，之後的酒就會變成漂亮的琥珀色。然後根據味道又可以分爲乾型（Austerum）、甜型（Dulce）、和淡型（Tenue），顏色也會略有不同。」我說。「我們今天喝的這個酒是最高等級的甜型陳年的法烏斯提安．費樂年。」

「法烏斯提安．費樂年裡面還會分不同等級嗎？」依娜依思好奇的問。

「當然，大學者科盧梅拉（Lucius Columella）在他的《農業論》（Res Rustica）中就提到了費樂年，而且他說得非常清楚，只有土地、葡萄品種、和氣候的完美結合才能創造完美的葡萄酒。所以不同的土地，即使只是百步距離的葡萄田，種出的葡萄所釀的法烏斯提安．費樂年就會不一樣。」我吸了口氣，緩和了一些氣氛說。「如果我沒猜錯，這應該是在雙柏樹旁的那片葡萄田釀出來的酒，葡萄田確實叫什麼名字我忘了，但那裡是全帝國最好的費樂年葡萄田。」

「所以這是最好的費拉年嗎？」男人問。

「是也不是……」我故作玄虛地停頓了一下，然後接著說。「……看你所說的最好是不是包含了不同年份的比較。根據《羅馬編年史》記載，魯西厄斯．歐皮米厄斯（Lucius Opimius）擔任執政官的那一年是費樂年有史以來最好的年份[11]。而且由於這個年份實在是太好了，甚至有一個專門的名字來稱呼這個年份，叫做『歐皮米厄斯年份』（Opimius Vintage）。這是一個經過晚收成，再經過短暫的冰凍或霜封的葡萄做成的酒，味道濃郁而飽滿。這種酒最多可以存放一百六十年以上不壞，偉大的凱撒大帝（Gaius Julius Caesar）在征服了……西斯班尼亞之後就是喝這個年份酒的……」我看了依娜依思一眼。「……那個年份的才是最好的費樂年。」

男人聽得目瞪口呆，露出一個悠然神往的表情。我爲男人斟上了酒，他和我一起喝了一杯，男人開口說：「我從……朋友的手上得到了……一些這種酒，你有興趣嗎？」男人做了一個手勢，意思是大的雙耳酒罐。

我知道該來的還是會來，我搖搖頭說：「這裡只是個港口城市，我的客人階級都不夠高也不夠有錢，很少人能喝得起這種酒的。」**我必須說謊，因爲這個男人也說謊了**。「現在我的酒鋪與酒窖共有五十幾種酒，裡面也沒有多少瓶是費樂年。」

「好吧，那你覺得這個價格可以賣到多少錢？」男人問。

「這麼好的酒，價格將會非常的好……所以我建議你應該直接賣給……羅馬的貴族、將軍、或富商，不要……賣給……酒鋪……咳……咳……」接著我做了一個捂胸不舒服的表情，我想我臉部的表情應該扭曲得很厲害。

我劇烈的咳嗽起來，手扶著桌角低下頭去做了一個要吐的樣子，依娜依思擔心的扶著我的肩膀說：「你怎麼了……還好嗎？」

我搖了搖頭，做了幾個個深呼吸的動作，趴在桌上喘著氣說：「沒什麼……可能今天……有點太疲倦也喝太多了。」我對依娜依思眨了眨眼，然後勉強地站了起來。

「你要不要先躺下來一下。」依娜依思可能不了解我的意思，她指指地上鋪有乾蘆葦的後室說。

「沒事，我還可以……」我扶著依娜依思的肩膀，把重量壓在她的身上。

男人看了我的的樣子，跟著我站了起來。我腳步踰踉疲憊地在酒架上拿了三瓶Surrentine給男人，然後一面扶著牆壁把男人送到門口，依娜依思急忙把門打開，一陣帶有夜色的海風吹了進來。

「不好意思，身體忽然不太舒服。」我咬著牙，把男人帶來的雙耳陶罐遞給他說。「如果可以，有機會……我們下次……再聊吧？」

「沒關係，請好好休息，也謝謝你的酒。」男人露出一個嚴肅的表情一面說，一面把棉麻罩袍套在頭上，蓋住了一半的臉。我們目送他走遠之後，才回到屋子裡。

男人離開後，夜色的一部分又回到它原來的地方，牆上的火炬像是鬆了一口氣般，變得溫暖明亮起來。

「把門關上。」我悄聲說。

「怎麼了？」依娜依思憂心的問我。

我把我的那個杯子給她，然後把男人剛才喝的殘酒倒掉，然後用分酒器把我們兩個人的杯子重新斟上了酒。我把她摟了過來，讓她靠在我的身上。

「今天眞是太神奇了，像是巴克斯忽然來拜訪我們一樣。」我笑著說。

「到底是怎麼了？這個酒到底是什麼？」依娜依思說。

「**我從沒喝過這麼好喝的酒**。」我和她一起喝了一口，然後緩緩地說。「這個是世界上最好的酒了。」

「那你爲什麼不挑剔的說他的酒不太好，然後把酒便宜買下來轉賣呢？」依娜依思好奇的問。

「這是最頂級的費樂年，而且罐頸上面有淺淺的『群山和太陽』暗記，我猜這是應該是羅馬皇帝才能喝的酒，是連一般貴族都是喝不到的酒。」我緩緩的說。

「而且，如果我沒猜錯，這些酒都是從羅馬的皇家酒窖偷來的。」

「爲什麼？」依娜依思問。

「最好的酒都是放在皇家酒窖中陳年的，而我們喝的酒起碼已經陳放二十年以上了，換句話說，這個酒已經不可能是他說的船上，或從其他地方運來的了。」我說。

「原來如此。」她說。

「雖然很可惜，但這個酒一定不能買，一瓶都不能，買了會有麻煩。」我說。「很大的麻煩。」

「那這兩個杯子呢，留著這兩個杯子沒有問題嗎？」依娜依思看了杯子一眼，憂心地說。

「這是已故羅馬工匠葛拉歇歐・帕拉蒂（Graceo Pallady）做的杯子，雖然不名貴，但卻不容易得到，我在主人的幾個朋友家都看見過。據說用這個杯子喝酒可以帶來……無與倫比的愉悅，我是想留著和妳一起用的……」

我微笑地看著依娜依思，輕輕地吻著她，然後從她的肩膀開始輕輕地向下撫摸，她的身體扭動了一下，濃密的大捲髮落下了蓋住了側臉，若隱若現的黑眼珠在火炬照映下閃閃發光，看起來充滿情慾，非常地嫵媚誘人。

註

7 古羅馬帝國時期的酒神，掌管葡萄與葡萄酒，也是狂歡與放蕩之神。地位大概相當於古希臘的狄奧尼索斯。

8 古希臘的酒神，也是古希臘的狂歡之神與藝術之神。地位大概相當於古羅馬帝國的酒神巴克斯。

9 相當於今天西班牙的塔拉戈納（Tarragona）。

10 以上都是古羅馬的葡萄酒名，根據記載古羅馬有八十種以上的葡萄酒。

11 古羅馬人習慣用卸任執政官的名字來計年，而這裡指的是西元前一二一年。

眞善美 Screaming Eagle（1992）

因爲復活節（La Semana Santa）的祭典之故，賽維亞（Sevilla）的所有的旅社全部都爆滿。路上問了幾個人有沒有地方可以住，大家都有一種看到難民般的眼神，雙手一張用西班牙語告訴我同一句話，由於實在印象太深刻了，這個字的發音到現在我都還記得清清楚楚。

「imposible！」（因坡斯畢壘）

總之，那是個炎熱的日子，安達盧西亞的陽光炫眼得讓我昏了頭。我走過一條長長的路，流了一條河這麼多的汗，到了我最後一線希望的旅社。果然沒有意外，櫃枱人員聳聳肩，給了我同樣的答案。我想著今天可能又要露宿街頭了，心情變得有點惡劣。

走出大門，我破例地在自動販賣機買了一罐飲料，邊抽煙邊想著接下來要去哪兒找住的地方時，迎面走來一高一矮的兩個東方女孩。她們看到我，略微點了點頭，然後劈頭就用日語對我說：「請問晨星青年旅社（Morning Star Youth Hostel）是這裡嗎？」

我心中想著：「這是歐洲，爲什麼用日語來問路？而且爲什麼覺得我一定聽得懂呢？」

但我並沒有計較那麼多，因爲她們長得還蠻可愛的。我對她們說：「就是這裡，不過這裡已經全部住滿沒有空床了。」她們向我道謝，然後走進旅館自己親自問了一次。

煙抽到一半時她們就出來了，我對她們說：「沒錯吧？」

她們點點頭，我就問她們接下來要去哪找旅館，她們這時才發現我不是日本人。她們說可能必須花大錢去住五星級旅館，然後就行色匆匆地離開了。

煙抽完後，因為找不到垃圾桶，我只好走進旅館的大廳裡面丟煙蒂。沒想到這時櫃枱人員告訴我說他們 Re-check 了一下，發現還有一個床位，但必須要晚上七點左右才能入住，問我可以接受嗎。當然，我點點頭，於是我就毫不費力的克服了那個「不可能魔咒」，在復活節前夕找到了一個床位。

這種時候，就應該先去喝一杯 Sangria。

復活節的儀式的事情就不多說了，人們戴著高高尖尖的頭罩只露出一雙眼睛，搖著熏香，扛著神像，半夜沉默地赤腳走在石板路上，全城的人屏息不語地看著，這部分精彩得可以自成另外一個故事。

第二天晚上，我坐夜車出發到了里斯本（Lisboa）。那也是一個很有意思的地方，我花了好幾天搭了電車在各個山丘上走來走去，喝了各種廉價里斯本附近的混釀葡萄酒，聽了幾場 Fado，思索了一下人生的問題。正覺得有點無聊打算離開去波爾圖（Porto）時，我竟然在我住的旅社吸煙處又遇到了那一對日本女孩。不思議的緣份與她們的連聲嬌呼下，我們決定一起去吃飯喝酒。三個人相談甚歡，我付了晚餐的飯錢，她們則付了葡萄酒的酒錢。

回旅館後，有一個日本妹因不勝酒力，就先回房睡了。我和另一個日本妹就在旅館的角落聊天，聊了很久，氣氛也很好，帶著一點點醉意，我們彼此摸摸頭髮拉拉手，在不會過份的情形下互相吃點小豆腐。她給了我她的電話，叫我有機會去找她，聊到兩點左右就各自回房了。

這位高個子的女孩叫齋藤由紀（Saito Yuki），二十一歲，家住東京，在英國倫敦半工半讀了半年，而另一位個子較矮的女孩是來歐洲找她玩的。齋藤是個身高骨架大的女孩子，個性豪邁直接，皮膚可能還不錯，但化粧有一點太厚了，特意用長髮來修飾成的瓜子臉，如精密烤漆般的指甲油，整體看得出她很用心在打扮。我對她並沒有任何的企圖，她的英文很爛，和她聊天其實大都是我用英日文混著說的，她則並沒有說什麼，但無論如何，在旅途中能有人一起聊聊天也是不錯的。

如果要用酒來形容的話，她就像是西班牙北部產的格烏茲塔明娜（Gewurztraminer），這種香氣品種本來就不以細緻與複雜度著稱，種植溫度相對較高更使它失去了一些酸度，因此喝起來就會像在喝花蜜和某種凝露一樣的感覺，除了香氣、一點甜度、與油滑感，喝不到什麼具體東西。

後來我們陸續用郵件聯絡，她回信中的一直會帶著些我無法看得懂的英文，但反正閒聊就是了，我也不是很在意。幾個月後，我剛好有事要去一趟倫敦，去之前她回信說要作我的嚮導，還熱情地說要來接我，說我若沒地方住可以住她那邊之類的。

到了希斯羅機場，因爲我已經忘了她長得什麼樣子，所以在接機的時候有點尷尬，但還好她認出我來，熱情的和我擁抱打招呼。好久沒到英國來了，我告訴她我想去格林威治村看 Cutty Sarks，她不知道那是什麼。我們坐了很久的地下鐵（Tube），穿越了整個倫敦到了泰晤士河南岸。玩了一會天就黑了，她帶我去吃了一間出名的炸魚薯條小店，喝了一點苦啤酒，這些都是很久沒吃的東西了。像是在約會一樣，她勾著我的手走路，我們從一個河底的地下道又越過了泰晤士河到了北岸，在街上散步。我一直逗她笑，她也很配合地一直笑。

眞是個純眞的年代啊。每次回想起來，就像歌詞裡所寫的：「It was long ago and far away. The world was younger then today.[12]」

最後，她帶我去她住的地方，那是一個在 St. John's Wood（聖約翰之森）的地鐵站附近的地方，那裡是倫敦的一個高級區域，就在環狀線的北方一點點。出車站後，我越走越覺得奇怪，因爲這應該是個租金非常昂貴的地方，一個半工半讀的學生爲什麼能住這麼豪華的房子呢。

到了一棟不起眼的高級公寓，她上樓開了門進了房間，整個房間內裝豪華到讓我吃驚得合不攏嘴，她看了我的表情覺得有點好笑，打開廚房冰箱問我要喝什麼，我賣弄了一句日語，說就先來（啤酒）好了。她回答只有一種啤酒，但不知我喜不喜歡，我一看差點昏倒，是整個冰箱的皮爾森納．歐克（Pilsener Urquell），那是我當時喝過最好的啤酒。

太不可思議了。我想她不會是日本某大企業家的千金吧？

接著她打開了葡萄酒櫃，裡面充滿了各種神奇酒標的酒，用各種不同的文字寫成，看起來都非常的高級典雅。她告訴我她可以隨便選喝一瓶來喝，問我懂不懂葡萄酒。那時候我只是喝啤酒而已，葡萄酒的什麼都不了解，於是我就選了一瓶酒標寫著英文，簡單能看得懂的美國酒。

我記得那是一瓶美國酒，黑色的酒標白色的字，印著一隻醜陋的老鷹在翱翔的版畫，然後寫著「鷹嘯」（Screaming Eagle）兩個看得懂的英文字。比起其他的氣派或深奧的法國酒與義大利酒，用著歌德字體與複雜家徽裝飾著繁複而華麗的酒標，這瓶看起來實在簡單樸素多了。

「冰箱裡有兩瓶一樣的這種老鷹葡萄酒，我們就喝這個吧。」我一手拿著一瓶有點沉重的鷹嘯酒瓶給她看。

「好呀，這個看起來不像是很珍貴的樣子，應該沒關係。」她看起來雖然有點擔心，但還是爽快的點點頭。

選好了酒，再來就是開瓶了。我費了一些力氣把暗紅色的鋁封割除，由於我從來沒有用過侍酒刀，花了點時間模擬研究要用槓桿原理取出酒塞的動作。但還好過程還算平順，沒在女孩子面前丟臉。我優雅地轉動我的手腕，把紫紅色的酒液倒在如花朵的高腳杯中，然後我們一起敲了一下乾杯。

「Kanpai！」我說。

「Cheers！」她微笑著回答。

「好香啊。」她說，然後拿起老鷹葡萄酒來看了一下。

「是啊，都是甜甜的藍莓味。」我老土的把手掌托住杯體，生怕酒液濺了出來，一面裝模做樣地搖了搖杯子。

我還沒開口問，倒是她先說了，這是她朋友住的地方，她朋友去德國了，這不是她的房子，她只是房客。所以我今天只能睡客廳沙發，非常不好意思。她放了宇多田光（Utada Hikaru）的《Automatic》來聽，她告訴我這是一個天才新人的新專輯，我拿CD套看了一下，這是張台灣版的CD，上面都是繁體中文，還有中日文翻譯的歌詞。我們聽了這首歌一會兒，我覺得歌詞與演唱方式眞是不錯，前兩句就很吸引我，後來回想，這首歌可能是我最早接觸的日本R&B。她告訴我現在日本出現越來越多ABJ的歌手，用美式的方式來唱日本歌。我說例如：Monday Michiru或Love Phychedelico，她瞪大了眼睛，說她沒聽過這是什麼。我就把我偶然在南法的一段奇遇告訴她，那是另一個很長很有意思的故事。

不知道爲什麼，那個時候的我有一直有著說不完的故事。

這個酒非常的不錯，我覺得香香甜甜酸酸的，很厚實與幸福歡樂的感覺，我說不出什麼漂亮的句子可以形容這個酒，但我知道這是我一生目前爲止喝過最好喝的飲料了。她倒是可以說出比較多的評論，但那是一堆難度較高的日文形容詞，我也不是聽得很懂，只能配合著點頭微笑。

喝了一會兒，她從電視下拿出一片DVD，說她想看《眞善美》（The Sound of Music）。我不知道爲什麼要看這個，我記得上次看是很小時候的事情了，我就說好，然後我們就一起靠在沙發上看。這次我看到了很多以前沒看到的細節，而且我更能享受到音樂的旋律及內容。

我們一面看著電視一面喝酒，她的酒量好像也很不錯，一瓶酒很快就喝完了。她之後靠在我的身上，在我的手臂與身體連接的肌肉找到一個讓我也覺得很舒服的點，然後把她的頭靠在上面。她的身上有一股甜香，柔軟的身體在我懷中鑽來鑽去，讓我心猿意馬，在本故事的某一段，也就是茱莉．安德魯斯（Julie Andrews）和小朋友在唱歌的時候，她忽然轉頭看著我，氣氛實在太好了，我心中一蕩，輕托住她的下巴，她環住了我的脖子，我們做了個帶有一點情慾的友誼之吻。

電視裡的故事結局我早就知道了，她們逃離了納粹的魔掌，到了新天地美國，過著幸福快樂的生活，這個電影應該沒有人沒看過吧？而故事看完後，她竟然紅了眼框。當時我還不太懂女人，只覺得眞是不可思議，看這個也會掉淚。

我一面安慰她，一面隨便聊著村上龍的小說和神秘的古中國料理。我握著她的手幫她看手相，一面向她解釋生命線、事業線、感情線的意思。日本也有這樣的概念，也叫生命線、運命線之類的。我說她會結三次婚，有四個小孩，掌管兩間大公司，身體健康的一路活到一百零二歲。

她咯咯地笑，然後問我會不會足底按摩，我說我只會一般的按摩，說著我就開始幫她抓抓肩膀，敲敲背，我在她身上按了一陣子之後，我就隨便問她說是不是很少運動，她就說你怎麼知道？接著我就叫她趴下來，她說等一下，她走去把客廳的燈關暗了一點，然後從一個上鎖的櫃子中拿出一段熏香點上，放了《眞善美》的主題曲，一時間房間中充滿了一種像是淡淡的動物還是植物香氣，氣氛變得很特別。

她很大方的趴在沙發上，用了敬語請我幫她把她的內衣解開，我就在她隔著衣服在她背上按著。她閉上眼睛，很是享受的樣子，還不時發出嗯嗯的聲音。我就問她說感覺如何？她說這比做愛還舒服。接著我幫她按摩手臂，我發現她兩手的手腕都有一圈像擦傷一樣的傷口，大概在戴手錶的位置，我問她這怎麼了，她說是戴金屬手錶的流汗過敏症。

但爲什麼兩隻手上都有痕跡呢，或許左右手輪流戴吧？我就沒有再問下去了。當時我心中只是覺得怪怪的而已。

後來我又叫她坐起來，我開始幫她按肩膀，她一直很享受的樣子，我發現她身體好像沒骨頭一樣變得軟軟的，她講了一段比較複雜的日語，然後她就向後靠在我的身上，頭向後仰靠在我肩上，用舌頭舔著我脖子上的汗，她身上很香，我一時無法再按，不知道兩隻手要擺在哪裡，於是就只好抓著她的上臂，像是抱著她一般。然後她說換她幫我按了，說著她就關掉了燈，走到我背後，按了幾下後就從後面抱住我，用雙手在我胸前撫摸著，我則可以感受到她灼熱的身軀以及在我身後吐氣的聲音。

事情的發展出乎我的意料，於是我轉過身去擁抱著她，她的骨架比較大，皮膚很白，黑暗中我看不清楚的情形下，她說了幾句我聽不懂的日文，然後低頭向下親着我的身體，我可以從她的動作知道這不是不要的意思。她褪下睡褲時，我發現她裡面還穿著黑色吊帶絲襪，而且在我一面撫摸著她，眼睛逐漸適應黑暗的情形下，我發現她白晰的肌膚上好像隱隱著有著一條條顏色很淺的紅腫痕跡。我只好在半害怕半緊張的情形下繼續下去，她則一直用日語鼓勵我用力點、快一點之類的。於是我粗暴地用力，感到她的緊縮包夾，聽到她發出陣陣類似野獸嘶吼的聲音。

我非常興奮，所以很快就繳械結束了。我坐在沙發上靠著椅背喘著氣，她則把保險套拔除，用嘴與手幫我動作了起來，我在黑暗中發現，她也用右手在自己的腿間按揉著。過一陣之之後，她就面坐在我身上瘋狂地擺動自己，等我結束後又再重複一次。一晚上好幾個循環之下，滿屋子都是我們的汗水、熏香與酒混合的味道。

但我覺得她始終都沒有高潮。

醒來時，我一個人裸睡在沙發上，她已經不在了，我看了滿室陽光照著我的身體，昨晚的事像一場夢一樣。她留了紙條，上面奇怪的英日文組合告訴我她去打工了，冰箱有牛奶及吐司，今天晚上她朋友會從德國回來，所以我不能住在這裡，我走時把門拉上卽可。我有點生氣與氣餒，可能是我的表現不如她的意吧？但也沒有辦法，還好我還有其他朋友在倫敦，我可以去住那兒。

吃了吐司喝了牛奶後我觀察了一下，主臥室及客房的門都鎖起來了。我從書櫃上的女明星寫眞集與商業雜誌來推斷這間主人確實是個男性，隻身外派到英國來，年紀約四十左右，抽雪茄及煙斗、品酒、多金、愛好攝影、英文程度不錯，浴室的洗髮精及沐浴乳種類及冰箱食物看來，確實有女孩子住在這裡。而這裡應是某種酒店式公寓（Service Apartment）之類的，有人定期在打掃。

唯一不懂的是那幾張台灣版的日本女歌手的CD，我不懂爲什麼是台灣版，或許只是單純在台灣買比較便宜吧。當然在鞋櫃旁的黑皮項圈紅色棉繩的狗鍊也很可疑，我曾養過狗，我很淸楚養狗的房子是什麼樣子的，這間房子沒有一根狗毛，**連一根都沒有**。

我在陽台抽了一支煙，洗了杯子、盤子及煙灰缸後鎖了門離開，離開前我還特別在廚房地板上拿了鷹嘯酒瓶的軟木塞作紀念。坐電梯到樓下時我伸頭看了一下信箱，裡面有一本《Economist》雜誌，收件人用羅馬拼音，應該是長谷川（Hasegawa）之類的名字，我有點不太記得了。

當天下午我再打給她，她就已經關機了。我在倫敦打了幾天也都不通，後來我再寫信給她就都再也沒有回音了。但眞善美草原上茱莉・安德魯斯的歌聲和那時候的氣味卻在我腦海裡面揮之不去了好一陣子，那種飽滿強烈的感覺，或許就像歌詞裡寫的「**山丘填滿了我的心**（The hills fill my heart with the sound of music）」一樣吧。

＊ ＊ ＊ ＊

開始喝葡萄酒之後，有一天看雜誌的時候我才知道原來那瓶「老鷹葡萄酒」是一九九二年「鷹嘯園」（Screaming Eagle Winery and Vineyards）的卡本內—蘇維翁（Cabernet Sauvignon），這是一個非常稀有的膜拜酒的第一個年份，全世界也就只有幾千瓶而已。之後我有機會把這件事告訴我所有的酒友，說我以前曾把鷹嘯園隨便開瓶乾杯喝掉過，但無奈根本沒有人相信會這種蠢事，他們紛紛露出那種看到有人把金斧頭丟到湖裡換鐵斧頭的懷疑表情，即使我讓他們看了那個鷹嘯園軟木塞的相片也沒有用。

* * * *

許多年以後，我和當時的女友閒聊時談到這件事，那時候我們剛認識不久，正在彼此探索的熱戀期，我把這個故事告訴她，包含了手腕上的傷口與那瓶鷹嘯園的部分。噢！當然，我不會自找麻煩，我並沒有告訴她任何親密行爲這方面的事情。

她對葡萄酒的部分一點都不感興趣，但她卻很仔細地問了我包括宇多田光ＣＤ、眞善美ＤＶＤ、餐桌椅子的數量、牙膏、牙刷、廁所沐浴乳的種類等細節。她聽完後得意的告訴我，她判斷那位日本女孩應該是那個去德國的日本男人的「寵物」或「玩伴」，而她身上的痕跡應該是ＳＭ的綁痕，而鞋櫃的狗鍊則是道具之一，其它的道具則都收在上鎖的房間中。

其實我早就這樣猜了，因此我一點也不意外，但我還是必須裝作很吃驚的樣子看著她，然後驚呼：「原來是這樣，我都沒想到！」

我說完之後，她就把我推倒在沙發上站了起來，冷靜地從她家中的書架、鞋櫃、與冰箱裡，分別拿出《眞善美》的ＤＶＤ、一條皮製狗鏈、與一瓶酒標上有隻鴨子，酒名叫 Duckhorn 的納帕谷 Merlot。她瞇著眼看著我的眼睛，咬了咬嘴唇，像是在測心跳一樣的捂住自己的胸口，**對我說她現在想看《眞善美》**。於是我冷靜地起身，熟練而帥氣地用酒刀把「鴨子葡萄酒」打開，拿起皮鏈子在她脖子上拴好。我們一面看片子一面在沙發上飲酒與親熱，期間我一直牽著鏈子不放，直到整部片子演完爲止。

註

12 歌詞出自 Janis Ian 的《At Seventeen》。

乒零乓啷、咕嘟咕嘟、稀里嘩啦 Côte de Nuits

那一天我和老婆又吵架了，我們吵得很厲害，我違背了我的本願大聲說了幾句。她一面掉眼淚，一面摔了我全套的巴卡拉（Baccarat）勃艮第杯，我估量了一下可用的信用卡額度，只回敬了她幾個絕版的安克．霍金（Anchor Hocking）的火王（Fire-King）青玉色盤子，而且有些還沒摔碎，因此氣勢顯得有點弱。

總之，那是一個這樣的鳥日子，天空下著毛毛雨、汽車輪胎沒有氣、存放多年的幾瓶葡萄酒竟然TCA，現在地板上都是法國的玻璃碎片，真是倒霉倒到巴布紐克利斯坦尼亞（Papuanukrsitania）去了。

她站起來，回房換了漂亮衣服，戴上紫色貝雷帽，拿了手機與鑰匙就往外走，我知道她要去她姐妹家了。我們倆有一種只要一個人奪門而出，另外一個人一定要追出去的荒謬默契。但我這次我決定不追出去，我覺得我現在需要喝一杯，於是我走到酒櫃中打開一瓶Vosne-Romanée（沃恩．羅曼尼），用杯櫃裡的波爾多杯就喝了起來。我完全沒有醒酒就連喝了兩大杯，我有效率地把酒液迅速地送到胃裡面，像是在幫乾涸的土地裡注入甘泉一樣。

我知道對某些人來說，始終保持頭腦清醒，永遠用較正確而合理的方式喝到較好的味道，是一種文明與教養的象徵，有時候甚至會變成是一種公式、教條或是信仰。所以他們都只在心平氣和的理想狀態下喝酒，而且一定遵循著類似「白酒配海鮮，紅酒配紅肉」、「高酸配油膩，甜酒配甜點」、「勃艮第杯配勃艮第酒，波爾多杯配波爾多酒」、「開瓶看生物動力時辰」之類的原則，我一直都很尊重這些「教科書飲酒法」或是「公式飲酒法」，畢竟每個人都可以相信自己相信的事情。

但我現在沒有辦法注意什麼原理或法則之類的，我現在做不到，我的身體渴望酒精。或許有人會說用 Vosne-Romanée 來增加體內的酒精是一個昂貴奢侈的做法，而且也可能還會說用酒精來稱呼 Vosne-Romanée 是對不起這瓶酒的，但我現在頭腦一片混亂，無法詳細思考。我覺得我現在就是要這樣做，我現在就是想要胡亂地大喝兩杯 Vosne-Romanée，我需要來自這個村莊的酒精，而且我覺得這樣做簡直棒極了！

兩杯酒下肚之後，我體內的 BAC（Blood Alcohol Concentration）明顯的上升了一些，我開始冷靜地回復到可以品酒的狀態。我搖了搖杯子，嗅了一下酒的氣味，然後小小的喝了一口，吸入空氣，讓酒與空氣充分混合之後，均勻地散佈在我口腔中每一個角落。我發覺，就算用的杯子不對，同時沒有醒酒的情形之下，這還是一瓶很好的酒，漂亮的玫瑰花香氣，有著非常優雅的潛力，濃郁紮實，酸味不尖銳而單寧柔和，有著典型的紅果與林地的味道。

「**勃艮第即使沒有用勃艮第杯，它依然芬芳**[13]。」好的勃艮第真是非常了不起，百轉迴腸，層層疊疊。

我不禁有點後悔剛才的牛飲，同時我也想到我老婆對我壞脾氣的容忍，想到我的說話與態度不佳，心中也開始覺得對不起她了。我想要打電話給她道歉，但一時又不知道要講些什麼，而且她應該正在開車沒辦法接電話吧，於是又拿起了酒瓶在酒杯裡面倒了一些酒，一面搖著杯子一面想著等一下如果她接了我的電話要如何開口才好。

這時候我聽到鑰匙開門的聲音，我喜出望外，站起來望著門口。我老婆走了進來，她頭髮有點濕，兩眼紅腫，一副楚楚可憐的樣子。

「車子的輪胎沒氣了。」她有點哀怨地說。「而且開始下雨了。」

我立刻把她手上的東西接了過來，然後趕忙地說：「噢，親愛的萊拉（Laira），對不起，是我的錯，我的脾氣壞，態度又不好。」

「我也有錯，我不應該對你和咖啡廳老闆娘胡亂吃醋的，我以後不會這樣了。」

「別說了，我開了一瓶你喜歡的酒，我們一起喝吧。」我心疼地摸摸她淋濕的頭髮。

「噢，都是我不好。」她看了一下杯櫃中剩下的波爾多杯與香檳杯，還有地上滿地的碎片，語氣中充滿了歉意說。「我也不應該摔你心愛的杯子的。」

「沒關係，杯子是小事，再買就有了。」我知道我可以用波爾多杯來喝勃艮第與白葡萄酒，所以加上剩下的香檳杯，應該還是可以應付大部分的狀況的。

我避開地上的玻璃碎片堆，倒了一杯酒遞給她，她用毛巾擦了一下頭髮，神情看起來鎮定了許多，眼睛也開始露出一點神采。

萊拉是我在拉斯維加斯出差時認識的，那時候我正在 Wynn Hotel 中玩德州撲克（Texas Holden），我在最後對決的時候不開牌，故意把我手上全部的籌碼輸給她，然後問她要不要去旁邊的酒吧喝一杯。我們在 Wynn Hotel 的酒吧裡喝到凌晨三點，我們點了一個記得叫做「Super Sideways」的套餐，那天我們喝遍了加州海岸區所有著名 AVA 的美酒，從最北部門多西諾（Mendocino）與索諾瑪（Sonoma Counties）開始，經過納帕谷（Napa Valley）與舊金山沿著海岸向下，再路過聖塔科魯茲（Santa Cruz）與蒙特利（Monterey Counties），最後喝到聖路易（San Luis）與聖塔芭芭拉（Santa Barbara Counties）爲止。她雖然不太懂葡萄酒，但她的酒量非常的好，個性爽快，而且味覺靈敏，令我一見傾心。我們喝完就點了一瓶 Salon 到房間去，然後第二天還差點在賭場裡面的教堂結婚。

我發覺，她雖然不是很懂葡萄酒，酒莊酒標什麼的也不了解，但她有很好的「價格鑑別力」與「名酒記憶力」，能被她誇獎的葡萄酒沒有一個不是來自價格不菲的名莊名園。例如：澳洲酒她就只誇獎過奔富酒莊（Penfolds）的葛蘭許（Grange）、智利我記得她只對 Almaviva 有點好感、而氣泡酒如果不是有點年份的老年份香檳則一律不合格。

她年輕漂亮，對所有的奢侈名牌與流行趨勢瞭若指掌，是一個非常好的派對女郎。如果要用酒來形容她的話，她就像是中奧塔哥（Central Otago）的黑皮諾，濃郁有力，低單寧高酸度，有著艷麗的香氣與果味，個性單純，愛惡分明，是個表現力與醋勁十足的女人。

「這個酒的味道不錯，裡面有著細緻的優雅感，就像我們那次去地中海坐遊輪時喝那瓶的味道相似，但那瓶更好喝。」她眨眨眼對我說。「你就是在那時候向我求婚的。」

「親愛的老婆，您眞內行，那瓶酒是 DRC[14] 的 La Tâche，和這瓶酒是同一個村莊的。」我試著用不帶任何諷刺的語調說。「考慮到這兩瓶酒的價格，應該沒有道理不好喝的。」

「你對我眞好，我以後不會再任性了。」她低頭露出一個頑皮的笑容，非常可愛。

我們相互擁抱，互相懺悔彼此說過的氣話，我說了幾句甜言蜜語，她則柔軟的說了幾句體己的話，一時氣氛變得非常的好。我又走到酒櫃拿出一瓶 Clos de Vougeot（梧久園），先倒在醒酒器中準備著。這瓶是法國軍隊行經此處會行致敬禮的酒，考慮到這瓶酒的價格，我知道她會很喜歡的。

我們聊了一會兒就把 Vosne-Romanée 喝完了。我從櫃子中拿出兩個新的波爾多杯，把醒酒器中的 Clos de Vougeot 倒了兩杯，我們又做了個乾杯的動作。

「你覺得這個酒怎樣。」我說。這個酒和諧勻稱，像個有豐富內涵的女人星期日上午坐在咖啡廳的落地窗邊看著弗洛伊德的《夢的解析》，讓人不禁想要對她一探究竟。

「這個酒也很好喝，裡面有比較多的味道。像是我們在孚日廣場（Place des Vosges）旁的那個 L'Ambroisie 餐廳喝的酒很像。」她搖晃著腦袋，做了一個天真的表情。

完全正確，眞是驚人的辨識力。

我們愉快的喝完這瓶 Clos de Vougeot 後，她乖巧地把剛才用過的四個波爾多杯都用過濾水清洗乾淨，用大片的白色餐布仔細的擦拭，然後再把杯子整齊地放回杯櫃中。

「眞可惜呀，那些破掉的杯子。」她無辜的語氣，像是滿地的碎玻璃與她無關一樣。

「沒關係，杯子再請茱麗葉（Juliette）幫我買就可以了，她們公司可以拿到很不錯的經銷價，也許她可以給我打個折。」我說。

「那個茱麗葉．塞爾凡（Juliette Servant）嗎？」

「是的，你知道的，就是讓安德烈．塞爾凡（Jean-André Servant）的太太。」

「就是上次在酒會裡面，直接叫你小名的那個瘦不拉嘰的法國女人嗎？」她很冷靜地看著我的眼睛說。

我瞬間汗毛直豎，**我直覺告訴我這句話的回答很重要**。這可能是個陷阱，但也可能不是。我知道如果我應答得不好，是會出大問題的。

「我和讓安德烈的關係非常好，我們還一起去打壁球呢。下次我們一起……」

「我一直不懂，你怎麼和這個女僕[15]勾搭上的？」她顯然對我的解釋沒什麼興趣。

「女……女僕，我和茱麗葉只是……」我一時語塞。

「叫得真親熱，你這個爛人，我就知道你在外面胡亂勾搭別的女人，只怪我自己太傻，當初被你的花言巧語所騙。」可能是酒精的關係，她開始有點歇斯底里，藍色眼珠的眼裡都是眼淚，像愛琴海的顏色一樣。不知道爲什麼我忽然想到不知道那個作家說的——**眼淚是人造的最小的海**[16]。

說完之後她就站起來，打開我的杯櫃，手慢慢的向前推，像是要凌遲我一樣，我的波爾多杯逐個落在地上，發出一聲聲的悲鳴，杯子變得像辰星一般，四散在地上閃閃發光。我生氣又心疼，直覺地回頭看了櫃子裡她的鳴海（Narumi）骨瓷茶壺組一眼，淺色的松枝針葉花紋在櫃子中發出優雅而無辜的光芒。我知道她非常的喜歡這套杯組，這是一套她日本朋友婚禮的回禮，比我們原來用的那組俗麗的 Wedgwood 還漂亮許多。我想把這套茶壺組拿起來摔碎，但又想到她朋友在夏

威夷結婚儀式時幸福的表情，我的氣勢瞬間又落到了谷底。

她看我沒有什麼反應，而且一副不想說什麼的樣子，於是含淚站了起來，拿手機與鑰匙就往外走。我知道她要改搭 Uber 去她姐妹家，但我無論如何已經沒有力氣再追出去了。然後大門砰的一聲關了起來。

她離開之後，整個房間像是失去了活力一樣，瞬間落入了沉默。我歎了口氣走到酒櫃前，打開一瓶 Nuits-Saint-Georges（夜之聖喬治）老酒，從杯櫃中拿出兩個 Lalique 的香檳杯，把酒倒在杯子裡，不醒酒一口氣連喝了兩滿杯。接著又倒了一杯在手上搖晃著，直紋有弧度的手柄雖然優雅，但總覺得搖起杯來不太順手，不但重心不對，酒的氣味應該也無法展開，可惜了這瓶好酒。我看著滿地的玻璃碎片，想著如果這樣下去，或許之後只能用厚壁的 Dean & Deluca 馬克杯喝酒之類的事情，我試著想像了一下那個不協調的畫面與那個沉甸甸的手感，不禁又深深地歎了兩口氣，然後把深沉暗紅帶點橘色的 Nuits-Saint-Georges 順著喉嚨送進胃裡，整個人攤在椅子上。

就在這個時候，我又聽到了熟悉的鑰匙開門聲音。

（哎呀，乒零乒啷、咕嘟咕嘟、稀里嘩啦……）

註

13 這是改編莎士比亞的名句：「玫瑰即使不叫玫瑰，它依然芬芳。」（A rose by any other name is still a rose.）

14 Domaine de La Romanée-Conti，全球葡萄酒愛好者公認的世界第一名園，位於法國勃艮第沃恩．羅曼尼（Vosne-Romanée）村，釀造歷史可以追溯到西元十二世紀。

15 原文為 servant girl。Servant 在英語中為僕人之意，本處為一語雙關，用以取笑塞爾凡這個法國姓氏。

16 語出日本導演與藝術家寺山修司（1935-1983）。

黑暗之心　Brunello de Montalcino（1980）

我帶著一瓶阿瑪羅內（Amarone）和無腳酒杯坐在公園長板凳上，一面抽著煙，一面聽著音樂看著書。今天午後的陽光讓人很舒服，酒中濃郁深沉的味道與香煙那種乾渴感的組合像是慾望強烈、成熟有自信的男人，而薩克萊的《浮華世界》（Vanity Fair: A Novel without a Hero）的故事劇情與比爾·埃文斯（Bill Evans Trio）的《Sunday at the Village Vanguard》搭配也極其微妙。

旁邊有一個身材略胖但輪廓漂亮的中年看護，帶著一個老婆婆在公園曬太陽。公園沒有什麼人，看護看我在抽煙，就向我要了一根煙，我也不以爲意給了她煙和火，然後繼續看我的書。抽完之後，她問我用保溫袋中包著的酒是什麼。我有一點無奈，但還是禮貌的告訴她是一種叫 Amarone 的葡萄酒。

「喝過嗎？」我問。

她緩慢地點了點頭，然後說用了非常標準的義大利音調唸了出來。「嗯，瓦波里切拉的阿瑪羅內（Amarone della Valpolicella），威尼托（Vento）的高級酒。」

好傢伙，我嚇了一跳，多看了她一眼，她眼珠子的顏色很淺，看起來灰濛濛的，有點呆滯，像是沒有靈魂住在裡面，讓人無法解讀出任何東西來，左眼角有顆痣，不知道為什麼讓我有似曾相識的感覺。不過或許只是déjà vu吧？去年打球撞倒頭之後常有這種感覺，因此我也不是很在意。

「謝謝你的煙與火。」她抽完煙後說。

「不客氣。」說完我就回到秋日黃昏與《浮華世界》裡面了。

第二天上午在往紐約的飛機上，我才想起那位看護是誰。她叫做娜莉莎．李（Naressa Lee），我在十八歲那年的夏天，某種意義上，曾和她同居過一個月。

她有著我到現在都不曾再見過的美麗雙眸。

＊　＊　＊　＊

剛上大學的時候，我曾經在一家以正統派聞名的義大利餐廳做過一陣子助理廚師。大廚是一個很嚴格的中年人，聽說曾經在國外的名餐廳工作過。他同時負責餐廳管理與大廚的工作，他個子高大，滿頭灰髮，眼神銳利，脾氣火爆，總是可以在細微的地方找到各種問題。每天都充滿殺氣，神情嚴肅的四處看來看去，一有空就罵人（其實沒空時也罵），所以大家看到他都非常害怕，有些人會甚至怕到顫抖的地步。

這讓我後來養成一種能力（或陰影），在任何西餐廳裡我可以看一眼就知道這個人是不是大廚，而且我在餐廳用餐時如果大廚在我身邊走來走去，我都還會提心吊膽，食不下嚥。

那時候我們分為三個部門：財務、外場、內場三組，三組各有一個組長。財務組負責收銀，其實就只是一位有點年紀的已婚婦女，傳說是大廚以前的情人；而外場就是負責點菜、出菜、收菜、酒水飲料的一組，有一位頭髮染著金黃色、藍色的眼瞳，長得像洋娃娃一樣的女孩在負責的，她是老闆的侄女之類的親戚，是個混血兒；而內場組就是廚房組，負責材料準備、菜色、烹飪料理等工作，由大廚與二廚分工，大廚親自管理鍋的部分，而二廚則負責窯的菜色。二廚是一位愛八卦、很溫暖、會照顧人、愛喝葡萄酒與抽煙卻想要生小孩的大姐頭。

那時候我去餐廳工作只是想學習如何煮西餐而已，沒什麼。因爲感覺上應該比去做收銀員、加油員、快遞之類的有意思一些。雖然不敢說是去學一技之長，但起碼可以煮一頓好吃的給自己吃。但事實上，我花了幾乎所有的時間在洗菜、切菜、準備材料、刷地板等基本工夫上，實際花在鍋子與爐子的時間幾乎是零。眞的就像是電視劇或漫畫裡面演的一樣，所有的工夫都必須要自己平常觀察學習而來。如果問我有沒有整道菜連盤子被摔在地上過？噢，當然有，只是通常這種「待遇」還輪不到我這種連檯面都上不了的小小助理廚師就是了。

外場長得像洋娃娃的組長叫做娜莉莎，中文名字叫什麼沒有人知道。她唸的是一流大學的外文系，會說英文、義大利文與一些法文、西班牙文，今年大四延畢，換句話說她大我三、四歲左右。她平常生活時會塗著黑色的眼線，深色的口紅、黑色的指甲油，穿著皮衣，一副就是搖滾客的感覺。但她在餐廳時會換上金色的假髮，裝扮成爲清純而性感的女大學服務生的樣子。她交過法國男友，了解葡萄酒，也懂餐酒搭配，對客人非常親切專業，許多外國客人都非常喜歡她，小費也給得多。每次她當班的週末，酒水的銷售明顯會比較好，小費都會比較多，我們內場也會很開心。

由於酒水是餐廳很大的利潤來源，因此大廚把酒水銷售的一部分作爲員工的獎金，而且大廚會鼓勵我們去學習任何關於酒水的知識與課程，同時也會給我們一些葡萄酒員購價的福利，只是每人每個月購買的瓶數有限制。但由於許多員工是根本不喝酒的，因此我可以一直用別人的額度，以很不錯的價格買到我們酒單上的酒。

那時候我剛開始對西方文明生活的各種事物有著極大的興趣，我會花時間認眞閱讀聖經與西洋文學、聽古典與爵士音樂、看歐洲電影、學習西式料理餐飲，我每個月所拿到微薄的打工薪水就全部花在這上面了。娜莉莎與二廚就是我的葡萄酒與西餐老師，我們會在每周二下班後，等大廚離開後留下來喝葡萄酒，配著一點剩下來的食材邊角料，一面聊天。在這段時間我雖然交了不少酒錢學費，但確實也學習了不少葡萄酒、食材、烹飪、搭配的相關知識與技巧。

娜莉莎她自己同時是一個搖滾樂團的主唱，固定會在酒吧演唱，我去聽過幾次，她的聲音非常的好。她們樂團就是三男二女，我去看過他們練唱。其中的吉他手就是她現在的男朋友，長頭髮、白皮膚、有點鬍渣，身上有著帥氣的紋身，左右耳朵上都有三個耳洞與耳環。整個樂團的男人都很酷，女孩都很辣，而且看起來都很有個性的樣子。

有一天，那是一個颱風來臨前夕的週三。我刷完了地板後，一個人躲在餐廳後面的巷子裡抽煙，我抽完之後忽然看到娜莉莎一個人靠在旁邊的巷子裡哭。她身旁放著店裡面的Nero D'Aavora的House Wine，旁邊地上還有一些煙蒂，她看起來已經喝得相當醉了，但她淺藍色的眼瞳卻還是像寶石一樣在黑暗中閃閃發光。

她手上拿著一個店裡的空的水杯，叫我不要告訴二廚她在這裡，回店裡去她的櫃子裡拿酒給她，說完就沉沉地睡著了。我把她手上的杯子接過來，想了一下，決定把她送回她家去。

她住得並不遠，我確定她可以安全的抱住我的情形下，騎機車把她送回家，我拿出她的鑰匙開門時有點忐忑不安，萬一遇到她男友怎麼解釋，或者她忽然醒來要求我留下來怎麼辦之類的。但還好這些事情都沒有發生，她說了一會子夢話，大致上是香檳與加州之類的事情，我把她放在床上，蓋好被子，將她凌亂的頭髮撥好，在快要天亮時才留了一張紙條離開，離開之前還偷看了一下她書櫃與CD櫃的內容。CD大致上是一些搖滾與重金屬音樂，而書則是大致一些作家、畫家、音樂家的名人自傳。

那時候我相信，看一個人房間的書籍與ＣＤ，是了解這個人的最好方法。

第二天她請病假沒有來上班，但她打電話邀請我叫我晚點過去她住的地方喝酒。下班後我帶了一點宵夜去她住的地方，她難得沒有化妝地素顏迎人，看起來比平常樸素蒼白，但卻也親切平凡了許多，就像是個普通漂亮的大學生。她穿的棉質居家服很有休閒風，但因爲裡面沒有穿內衣讓我有點臉紅心跳。她今天才剪的短髮很好看，是類似染成淺棕色的羽毛剪，我一向喜歡有型的短髮，我不禁看得有點入迷。

但我連坦率地誇獎好看都說不出口，**像個該死的小男孩**。

她開了一瓶她最心愛一九八〇年的ＢＤＭ請我喝——如果沒記錯，那應該是ＢＤＭ（Brunello di Montalcino[17]）成爲DOCG[18]的第一個年份——感謝我送她回來並且陪伴她。她說她最喜歡ＢＤＭ，她覺得這裡的酒深受海洋與山地氣候的影響，有一種她想要的豐富、華麗而甜蜜的夢幻感。她今天一直說到她未來要去美國，要去加州，那裡才是個有希望的地方。而她最喜歡的搭配是泰國大麻與BDM，「恰如其分，相得益彰」是她對這個搭配的古怪的形容，但對我來說則看不出這個的意義在哪裡。

我們後來聽了一些ECM之類的歐陸爵士，喝完了BDM就喝廉價不加冰塊的威士忌，我們兩個喝得非常的醉，她抽了點大麻和我不太知道的東西，我們的接吻充滿了煙味和大麻味，兩個人互相脫掉對方的衣服，隨著大衛·達令（David Darling）八弦電子大提琴相擁著進入《Darkwood》海底的黑暗深處。

從那天開始，我就在她的地方住了下來，而她就在我的心裡面住了下來。

她有時候看起來像是搖滾客，有著深色的眼影與眼線，但有著不可思議而非常美麗的淺藍綠色雙眸。她望著我的時候，我常常覺得我願意爲她做任何事情，就算是爲她而死也願意，那時候的我有一種莫名其妙的悲壯式的浪漫。而她最喜歡的東西是一個胸口別著「I no come. You no come. Baby comes. How Come?」徽章的粉紅色小熊。

我去看過幾次她的演唱，通常我都是騎機車在演出快結束的時候去接她下班時順便看的，她最後收尾的招牌歌是范．海倫（Van Helen）的名曲《Jump》，因此這首歌我聽了好多次了。她通常都會穿著黑色的背心與皮褲，在台上熱力四射的演出，雖然她沒有范．海倫主唱唱得那麼氣勢恢宏，但因爲這是現場演唱，每當她唱「Jump！」的時候，所有的台下觀眾都會一起唱，然後一起跳起來，像是地震一樣，所有人落在地上發出很巨大的聲響與振動，很過癮。

而鍵盤手彈得不錯，鼓手、吉他手、貝斯手也毫不含糊，一看就是認眞排演練習過的。只是這些都比不上娜莉莎的歌聲，她的天賦遠勝過這些其他的練習總和了，那是一種不會太過高亢或低沉，也不是一種北國原野式的大聲嘶吼，而是源自心中一種訴說的力量，像《鎮魂歌》一樣不可思議的動人心魄。另外，當然，吉他手則完全比不上Eddie Van Helen[19]——那是超越了不同次元的音樂與技巧。

還有需要一提的是，他們樂團完全避開了《Jump》中間吉他與鍵盤間奏的那段——這是我認爲搖滾史上最令人心醉神迷、神魂顛倒的三段間奏的其中一段，另外一段則是《Hotel California》，還有一段我現在已經忘記是什麼了——尤其是最後鍵盤手在快速重複彈奏要慢下來的那部分，實在是太難太難太難了。**單純的快沒什麼了不起，永遠還有更快的，但快過之後還能慢得下來才能稱得上是藝術。**這是後來我在卡拉揚與尼克勞斯身上才體會到的東西。

「當主唱很方便，什麼樂器都不用帶。」娜莉莎常這樣說。她也曾說很不在意的笑著說他們樂隊每一個人都和每一個人做過了，是個和諧的大家庭。我聽到這句話的時候心中充滿的妒意，我知道她只是把我當個小弟弟看，而不是一個男人。

她的生活和我很不一樣，新浪潮電影、重金屬搖滾、演唱排練、歐陸爵士樂、紋身刺青、飲酒跳舞、改裝飆車、無止盡的做愛、香煙與大麻，這些都是那時候的生活內容，現在回想起來還是覺得像是一場黑色的夢一樣。她也曾幫我畫上眼線，帶我去紋「喝著葡萄酒的天使」的刺青、進高級餐廳白吃偷溜、飆車到海邊，去 Gay Bar 喝酒、做愛到天亮。她像是有多種面向一樣，時而是個搖滾客與墮落吸毒少女，同時又是清純大學生與天真女友。

對像我這樣一個十八歲少年來說，有一個這樣的女人帶領進入無盡性愛與無邊黑闇的領域，是非常誘人而難以自拔的。她不止一次曾認真的說過，叫我不要和她在一起太久，因爲“you are a good lad.”（你是個好人）、“I have my own hell to raise.[20]”。但其實我們都知道，她**需要不斷的塡入各種暗黑能量的，是她無止境的黑暗之心**。過了一陣子，大概是一個月左右吧，她有一天就把我趕走，然後自然的回到了她原來男朋友的身邊，後來我也從餐廳離開了。

大學畢業之後我進了一家飲食文化的書籍的出版社擔任編輯的工作，由於我對西餐、葡萄酒、與廚房工作有些經驗與心得，因此得到許多新的機會。開始負責一系列的國外美食與美酒翻譯書籍與多媒體出版的工作，每年都會去紐約一、兩趟，我每次總是住在同樣的飯店裡面，白天開會，晚上看看音樂劇、各種球賽、與移民美國的親戚朋友到處玩樂。

而我就是在紐約時遇到二廚的。二廚那時候正帶她小孩來紐約過暑假，住在她妹妹家，我們在JFK（約翰甘迺迪國際機場）的航空櫃檯相遇，她認出我之後非常高興，一直誇獎我把長髮剪短很好看，其實我在大學畢業後就把長頭髮剪掉了，那已經是十幾年前的事情了。

「時間過得眞快，我的小孩都上中學了。」二廚說。

我們聊了一下餐廳的事情，她邀請我去餐廳吃飯。她說餐廳的生意還是不錯，只是在新派的西式流行餐飲的衝擊之下，菜色與選酒看起來就顯得有點陳舊老氣，變得越來越像一個傳統鄉村料理的感覺。大廚的身體還是很硬朗，罵起人來還是中氣十足，只是現在所有的工作都已經交給二廚負責了，他自己只負責整體餐廳運營管理的工作，只是稱呼還是叫做大廚。而多年前娜莉莎還沒畢業就直接去美國唸書，出國之後就渺無蹤影，沒有和任何人聯絡。新的外場陸續找了幾個外語不錯的女孩大學生擔任，她們或許青春美麗，但沒有一個有娜莉莎所具備的靈性與才華。

後來又隔了幾個月，有一天國外的出版社來訪的客人忽然提到想吃傳統義大利料理，我打電話到餐廳請二廚給我兩個位子，她聽到我的聲音很高興。我點了幾個以前我就做得不好的大菜，配上客人帶的一瓶新派巴羅洛（Barolo）來喝，我們吃得很高興，送客人上車之後，我又回到了店裡。我把我帶來的一九九二年碧昂迪山第（Biondi Santi）的BDM送給二廚，二廚還了我一個熱情的擁抱，然後拿了兩杯店裡單杯酒用的黑色公雞Chianti Classico（經典奇揚第產區），坐下來和我一起喝，酒的味道大概就是酸度很高但單寧粗糙，其他的我就不太記得了。我們一邊閒聊一邊喝酒，久別重逢，二廚很高興還叫助理做了幾道下酒菜，氣氛有點像是以前下班之後一起留下來喝一杯的感覺。

我們聊了一下她的兩個小孩在美國唸書的一些事情，接著她抱怨了一下最近年輕人的工作態度，我則小小抱怨了一下餐廳的酒單內容。喝完一瓶酒後，她覺得有點不過癮，又把我送的酒打開繼續喝，然後叫廚房在刷地的年輕人洗手切一點芝士過來。我們談了一下我還在餐廳工作那個時期的一些人事物，說了一下娜莉莎曾創下的本餐廳酒類單月銷售最高記錄（一個月五百二十四瓶，平均每天十七瓶），最後她則有點神秘而感歎地說了一點點娜莉莎的事情。

原來當年娜莉莎根本就沒有到美國去，她在我離開大概半年之後，就因爲和她樂團男友吸毒與販毒雙雙被捕入獄，而校方對她的休學也特意的低調淡化處理，因此幾乎沒有什麼人知道眞實的情形。她的犯罪情節較輕，但她卻在假釋出來之後又吸毒再犯，後來就多次進出警察局、法院、女子監獄與勒戒中心。報紙還曾報導過的她的社會新聞，而現在已經完全沒有她的消息了。說完之後她一副不勝唏噓的樣子，我心下黯然但表情沒什麼變化地和她乾了兩杯。

從餐廳回家後已經是半夜了，我為了使自己清醒一點，開了一瓶十分冰涼的盧埃達（Rueda）的維岱荷（Verdejo），這瓶酒在淺黃中帶著點青色。初入口時完全感受不到重點，**像是忽然到來、莽撞而無知的青春**，裡面有著green fruit、蔬菜、礦物、與無以名之的青澀感。雖然隨著時間過去，出現了一絲漸入佳境的酸味和熱帶水果的豐富感，但**這也只是小確幸的微弱光芒而已**。最後隨著溫度的上升，尾韻出現了一些**略帶哀愁與堅決的苦澀感**，讓人不斷回味而難以忘懷。這種三段式的風味——從青澀、確實、到苦澀，是瓶適合用來悼念逝去的青春的酒。

我打開音響，找到范・海倫《一九八四》的這張專輯——噢，封面我記得很清楚，永遠也忘不了，那是個染髮梳著油頭，收斂著翅膀，略吐舌頭正在靠在桌邊抽煙的頑皮小天使——我把音量轉大，放出《Jump》這首歌。

多年來只要聽到這首歌時，我的心情都會像決堤或是風箏斷線一樣的起伏，因此後來就再也不敢聽了，如果聽這張專輯時，我都會像在逃避著什麼而故意跳過這首歌。我告訴自己我是討厭裡面愚蠢的歌詞才這麼做的，當然我知道這只是一個藉口。

因爲歌詞愚蠢這件事我十八歲時就知道了。

空氣中出現了歌曲前奏的優美電子音樂與節拍，我的心中百感交集，閉上眼睛。我一面咀嚼著口中略微發苦的酒，一面等著范·海倫令人振奮但也同時令我心碎的嗓音出現。

《Jump》 By Van Helen

I I get up, and nothin' gets me down

You got it tough, I've seen the toughest around

And I know, baby, just how you feel

You got to roll with the punches and get to what's real

Ah, can't ya see me standin' here

I got my back against the record machine

I ain't the worst that you've seen

Ah, can't ya see what I mean?

Ah, might as well jump. Jump!

Might as well jump

Go ahead an' jump. Jump!

Go ahead and jump

Ow-oh! Hey, you! Who said that? Baby, how you been?

You say you don't know, you won't know until you begin

So can't ya see me standing here

I got my back against the record machine
I ain't the worst that you've seen
Ah, can't ya see what I mean?
Ah, might as well jump. Jump!
Go ahead and jump
Might as well jump. Jump!
Go ahead and jump
Jump!（Repeat）

爲什麼明明之前很討厭的歌曲，現在卻可以很坦率的接受呢？我知道，那個伴隨著我那段無以名之的青春，與當時那個外表像天使，雙眸像藍寶石，內心充滿了黑闇卻又如此吸引我的女孩，已經完全的離我遠去了。

多年前飲用的那瓶一九八〇年BDM，有著煮過的水果、懾人的香草、中等甜酸度、強烈酒體與酒精、和帶甜而柔軟的單寧，配上一點蔬菜與甜蜜的悠長尾韻。一開始就展現了華麗而成熟的風格，**配著午夜三時看到的安靜街景，像是顛狂迷亂的東岸美國夢**，或是當時在《華麗的蓋茲比》書中看到的時光流逝、遙遠的燈光、與無以名之的傷感。這瓶酒裡面有著浪漫而頹廢、美麗而幻滅、希望又黑闇、成熟卻感傷、偉大而墮落、洗練但青澀、極樂而悲哀，一切諸般美好都附加了其他詞語，無法另外單獨的存在。

註

17 Brunelle是種義大利的紅葡萄品種，Montalcino是義大利中部的一個小鎮。

18 DOCG全稱為Denominazione di Origine Controllata e Garantita，翻譯成中文就是「保證法定產區葡萄酒」，為義大利葡萄酒的最高等級。

19 艾迪·范·海倫，是極具影響力的吉他手，以高難度演奏技巧聞名，被譽為「80年代搖滾吉他之神」。

20 原話是："I have my hell to raise."（大致意思為我有我的地獄要養），own這個字是另加上去的。

金魚酒　Palo Cortado（1969）

「所以你是喝葡萄酒的嗎？」在活動中，一位女孩問我。

那是個在郊外賽車主題公園裡的某款電動車新聞發佈活動，女孩是活動公司請來的幾位公關展示女郎之一，她的身高非常的高，連高跟鞋大概有一百八十公分左右吧。由於我是這款電動車電池開發紀錄片的導演，今天播放了一小段我拍的影片，因此我也「順便」被邀請來參加觀禮。

「喝葡萄酒，你的意思是？」我說。

「我的意思是，你平常喝葡萄酒嗎？」女孩繼續說。

「是呀，幾乎每天都喝一點。」我搖搖手中的杯子說。

「那你聽過 Palo Cortado（帕洛科塔多）嗎？」

「Palo Cortado……噢，當然知道呀。」我用比較標準的發音念了一次。把 P 發成位於 P 和 B 之間的音。

「咦，眞的嗎？」她有點遲疑，然後接著說。「我的意思是，我遇到很多人喝葡萄酒，但是你是第一個知道 Palo Cortado 的人。」

「喝雪莉酒的人本來就很少，而 Palo Cortado 更是一種稀少的雪莉酒種類。它其實一直是某種意外之下的產品。」

「意外？」

「嗯，就是在釀造的過程中不知道由於什麼原因，本來應該由 A 變成 B 或 C 的東西不小心變成了 D。」我瞄了她的大長腿一眼，她的腿很細很勻稱。不知道爲什麼，我覺得腿細的女孩子都有一種令人難以言喻的感覺。

「就像原本魔術帽裡該出現兔子或是鴿子，結果不小心出現金魚的意思吧。」女孩有點興奮地說。

「嗯，差不多就是這個意思。」我想像了一下魔術帽裡的金魚的畫面，金魚不知道自己爲什麼會出現在沒有水的魔術帽裡，只好無奈地跳動著。

「在以前科學技術不發達的時候，釀酒師沒有辦法瞭解是什麼原因會變成……金魚酒，甚至要他們故意變出金魚酒來也做不到，所以 Palo Cortado 在西班牙可以解釋成一種難得之物的意思。」我接著說。「而且根據統計，大概只有百分之一到二的雪莉酒會自然地轉成 Palo Cortado。」

「那確實很珍貴。」

「但現在已經比較能瞭解這個轉換的奧秘，所以酒廠變出金魚反而都不是不小心的，而是故意的了。」我把空杯子放在桌上，從她手上的盤子拿了另一種酒。

「原來如此。」

「也有些廠商就直接用兔子酒和鴿子酒，混調出金魚酒裡面所的口感與味道。」大概是懶得多解釋吧，我把阿蒙提亞多（Amontillado）和歐洛羅梭（Oloroso）直接說成是兔子酒和鴿子酒。

「那我帶那瓶金魚酒出來，你幫我看看好嗎？」她說。

「好呀。」我看了她眼睛一眼，她並沒有流露出那種對我特別有興趣的熱切眼神。而且酒不是一種觀賞品，我並不知道爲什麼要『看看』那瓶酒。

「那就一言爲定了。」她露出一個天眞的笑容。

因爲我喜歡雪莉酒，而且認眞拒絕可能有點奇怪，所以我點了點頭，表示同意。接著我們聊了一些這附近好吃的泰國菜餐廳、之前去紐約東村脫衣舞俱樂部看人形蜈蚣（Human Centipede）的經驗、女子網球選手的巨大吼叫聲、哥倫比亞的手風琴決鬥、還有動物星球頻道裡面看到的關于海豚與蟒蛇嘴巴的事情。

「你知道嗎，蟒蛇可以吞下比它體積十倍以上的生物嗎？」我說。

「那是它嘴巴有一種特殊的構造的緣故吧？」她說。

「是呀，普通生物嘴巴只可以打開三十度左右，蟒蛇可以達到一百三十度呢。」我看了她單邊笑渦的嘴巴一眼，和女孩子聊野生動物讓我覺得是一個充滿情欲的事情。但或許這只是我個人的奇怪偏見吧，我常常會有一些奇怪的偏見。

又聊了一會兒後，我們交換了聯絡的方式，這時我才知道，原來她住的地方離我並不太遠，如果搭地鐵也大概只有三站左右的距離。我瞄了她手機一眼，很常見的品牌與型號，背面貼著閃亮的 Hello Kitty 貼紙，沒有什麼特別的地方。

她可能只是單純地想找人聊一下這瓶酒的事情吧，我想。

過了一周，在我快要把她忘記的時候，她打了電話給我，約我下班後到她住的地方附近的一個連鎖餐廳見面，一起看看那瓶酒。她個子還是很高，穿著寬鬆A／X字樣的T恤與緊身牛仔褲，整個人變得俏麗許多。但她今天看起來有點疲倦的樣子，皮膚失去了一點光澤，化妝品無法在她的臉上融合得很好，她的腿還是非常地細長，我和她走在路上就像是和一雙筷子走在一起的感覺。如果一定要用酒來形容她的話，她今天看起來就像是錯過了適飲期的南美白葡萄酒，或許結構與酒體都還保持著，但已失去新鮮與清爽，顯得沉重與疲態盡露，喝了像是會累積那份倦怠感一樣地令人生畏。

她建議我們外帶牛肉飯到她住的地方一起吃，我從她一路上的言語與眼神裡感受不到任何「可能性的氣氛」，但走進她家門時心裡還是緊張了一下。她住的地方是一個老舊公寓改造翻新的小單元，客廳非常的乾淨簡單，可以說幾乎沒有人住在裡面的氣息，以女孩子的房間來說，實在顯得太冷清寡淡了。餐桌上放著一個杯子，上面有一本看到一半蓋在桌上的《煉金術士》（O Alquimista）。雖然我知道這本書的書名被翻譯成《牧羊少年的奇幻之旅》，但我就是要用《煉金術士》來稱呼它，或許這又是我的一種奇怪的偏見吧。

她端出一個咖啡色的塑膠盤子，上面都是罐裝的飲料，有可樂、七喜、A&W和啤酒，罐子泛著一層水氣，看起來都是剛從冰箱拿出來的。我選了一瓶啤酒，用餐巾紙擦了擦罐口，拉開易開拉蓋喝了一口。「原來也有人用這種方式待客的。」我心想。

我們一起吃牛肉飯與喝啤酒時，她告訴我那瓶 Palo Cortado 的來歷。那是一個冗長而平凡的婚外情故事，男女雙方因爲工作的關係認識，悄悄地交往了一陣子，過了兩年後，女人要求要有結果否則就分手，男人選擇回到家庭，兩人在沒有交集之下分開。女方因而由傷心地移居到現在的城市工作，雙方現在已經沒有聯絡了。除了一點波折與情節不同外，大致上她的故事的劇情與內容就像肥皂劇的公式般從開始發展一直到結束。

「那瓶金魚酒呢？」在她把她的故事大概重複講了第三次半之後，我試著把話題帶回酒上面。

「噢，對了，那是他的西班牙客戶送給他們公司的簽約禮物。」她說。

「原來如此。」我說。「給我看看吧。」

她珍而重之地從房間衣櫥深處拿出一瓶用藍色絨布包著的東西，我打開來仔細看了一下，這是一瓶標準 75cl 的酒，瓶頸上另外掛著一個備用的止酒軟木塞（Stopper Cork）。酒標設計還蠻簡單的。上面依次寫著 JEREZ、1969、PALO

CORTADO、AÑADA，有個披著長袍戴著小帽的僧侶，雙手在胸前交叉合十，表情憂鬱而恭敬地在觀察些什麼的圖片，背景天空還有一兩個天使在飛著，然後最下方寫著 Bota Nº1（編號第一桶）以及一個從沒聽過的酒廠名稱。

我看了一下液面，保存得非常完美。

我深深地吸了一口氣然後說：「我知道這種酒應該是存在的，但我從沒有喝過就是了。」

「那是什麼意思？」

「這是單一年份的雪莉酒（Vintage Sherry），而且陳年時間夠長，再加上這是 Palo Cortado，所以這是非常珍貴的酒，我猜全世界剩下來的應該不會超過一百瓶，而且除了在原產區外大概不太容易見得到……」我說。可能是爲了要讓她清楚了解的緣故，我避開了 Flor（酒花）、Solera（索雷拉陳釀系統）、Criaderas（培養層）之類複雜的工藝與技術說明。

「你想喝看看嗎？」她說。

「你自己留著喝吧。這個很珍貴，而且打開後它的最佳狀態可能最多只能保持幾個月左右噢。」我有點訝異地說。

「沒關係，我已經知道這是什麼了。」說完她立刻從櫃子裡拿出了兩個米白色馬克杯來。**「現在我只想把它喝掉。」**

我看了一下那兩個馬克杯，杯壁非常的厚，看起來很重，喝咖啡應該可以有不錯的保溫效果，但喝葡萄酒應該會很不順手，可能到搖杯時手會抓不住杯子的那種程度。

「如果你眞的想喝的話……」我指指桌上一個喝愛爾蘭咖啡（Irish Coffee）用的杯子，那是一種有手柄的小型高腳玻璃杯，雖然杯柄有點粗，但形狀大小還算合適，而且看起來杯壁不至於太厚。「你還有這個嗎？我們用這種杯子喝吧。」

「有呀，等等，我去洗一下杯子。」她站起來走向廚房，空氣中留下了一點洗髮精的花香味道。

由於這是用紅蠟封住的老酒，我沒有把握可以直接開瓶，我只好花了一點時間把它上面的蠟慢慢刮除，用口布仔細地把瓶口擦拭非常乾淨後再用酒刀把酒打開。接著我拿起空杯子，聞了一下空杯裡面的味道，然後用拇指與食指抓著手柄，輕搖了一下杯子，令人驚訝的是竟然還滿順手的。

我先倒了一點給自己，喝了一小口後，我歎了一口氣。

「壞掉了嗎？」她有點緊張地說。

「不，正好相反。」我搖搖頭說。「太好喝了。」

接著我幫我們兩個人的杯子都倒上了酒，我和她手握杯柄，輕輕地碰杯一下。

「我們敬什麼好呢？」她像是很開心地問。

「不知道呢。」我說。

「不行，我們一定要敬些什麼。」她的臉恢復了神采，興奮地說。

「好吧，如果一定要敬的話……那就敬金魚吧。」我看著她頭上的空間，想

像著上週魔術帽裡的那尾金魚在空中自在游動。像是在看《亞利桑那夢遊》時聽著《In the Death Car》般，不知道爲什麼這時候伊吉．帕普（Iggy Pop）醉酒般慵懶低沉的嗓音也在我的耳邊響起。

「好呀，敬金魚，Cheers。」她說。

「Cheers。」我說。

當天晚上，我們並沒有發生關係，不過倒是喝完了那瓶美味的Palo Cortado。

或許就像百年孤寂書上說的，「……那個時候的世界太新，許多事物都沒有名字，描述它的時候還必須要用手指……」。這瓶Vintage Palo Cortado散發出了迷人的香氣，裡面困惑的時間感，讓人皺眉沉思，它一方面輕巧柔和，另一方面卻又飽滿豐盈，有著成年人的智慧與青少年的活力。它是大自然的禮物，任性而難以捉摸的酵母菌與大地之母促成了這種豐富的口感和味道。那是種柑橘、杏仁、核桃、楓糖、無花果、尤加利樹等味道的組合，讓人無法盡述。

以前的世界裡，不可思議的事物太多，什麼事情都是陌生而新鮮的，但隨著技術的進步，使得許多浪漫的謎團有了某種答案，而世界所有的東西都有它自己的類別與名字，像是放在圖書館的某個櫃子裡分類好的書，或是博物館裡珍藏的標本。雖然遺憾，但那裡也包含了 Palo Cortado，這種偶然獲得的珍貴之物。

白晝美人　Aligoté

「聲音呀。」她說。「葡萄酒的聲音，你聽不見嗎？」

「聽不見。」我說。當然聽不見。

「其實，每個人都可以聽得到一點點酒的聲音，非常微弱的，像呼吸或空氣一樣的聲音。只是我們自己沒有發現，也沒有去發掘或訓練這樣的能力。時間一久，自然就會失去這樣的力量。」她說。

「這不是很可惜嗎？」我說。

「也不會。」她喝了一口酒，然後說：「反正如果不知道，那就不算是一種損失。」

「也對，**世人無知以爲美**。」我試著這樣說。

「這是什麼意思？」她問。

「好像是中國古代的一個哲學家說的。」我說。「差不多就是你說的這個意思吧。」

她的工作是一位有點名氣的瑜伽老師，據說她已經「到了一個境界」。至於「到了一個境界的瑜伽」是什麼意思，對我來說簡直無法想像，應該不只是一種全身可以彎來折去，甚至可以把腳放在頭上的能力吧。「瑜伽會帶領你的身體，讓你身體的小系統與自然界這個大系統對話，**配合日月星辰的移動，可以讓你的身體和心靈走向它最適合的狀態**。」她常這樣說。

但我覺得她其實是個冒險家，她總是希望我和她一起嘗試各種不同的體位與姿勢。她會像一朵食人花一樣柔軟地包圍著我，讓我溫暖地在裡面死亡。她的身體柔軟而強韌，可以做出所有 Kamasutra 裡面描述的動作。「確實是一副非常能享受的身體，她應該能得到許多女人都沒辦法達到的歡愉吧？」我想。

如果要用酒來形容她的話，她就像是Loire Valley中的Chenin Blanc自然酒。在原本的清爽帶花香的氣息中增加了濃郁的爛熟蘋果與柑橘味，像是走到了溫室中有著熱帶叢林的濕潤豐盈的空氣一樣，僅僅小啜一口，嘴巴與鼻腔就會因爲得到太多而來不及應付，非常的豐富。那是一種女人味，是成熟世故的女人才會有的飽滿迷人風韻。

我們在一起的時間大概是一年半左右，我們總是中午一起吃飯，然後在下午在酒店中渡過，之後各自回家，因此我們從沒有一起吃過晚餐。

「我們這樣跟《昼顔～平日午後三時の恋人たち～》裡面的故事很像吧，我們只在白天見面，晚上各自回家。」她說。

「那是什麼。」我問。

「一部日本電視劇，據說是向《Belle de Jour》（白晝美人）致敬的作品。」她撥一下瀏海說。「我在網路上看到的。」

「《Belle de Jour》那是什麼？」我問。

「約瑟夫．凱塞爾（Joseph Kessel）寫的小說，聽過嗎？」

「我知道，有一部路易斯．布紐爾（Luis Buñuel）的老電影也叫作這個名字，你指的這個嗎？」我說。

「Oui！就是這個。」她說。

她的父親是義大利皮耶蒙特那一帶的人，但後來搬到法國尼斯去讀書，母親是新加坡人華人。她從小在AMK（Ang Mo Kio，宏茂橋）的LFS（Lycée Français de Singapour，新加坡法國學校）唸書，法語、義大利語、西班牙語就像她的母語一樣。而她先生是MFA（Ministry of Foreign Affairs，外交部）的官員，經常在不同的國家調動，聽說她的多語能力也幫了很多的忙。

新加坡是個小地方，非常容易遇到朋友或認識的人。因此我們有時候反而會特別去聖淘沙（Santosa）的環球影城、濱海灣（Marina Bay）、夜間動物園、或一些觀光客才會去的餐廳吃飯，甚至我們還特別在金沙酒店待過幾次。

每次去金沙酒店總是有許多衣著突兀可笑的東方人在那裡高談闊論、大聲喧嘩，而頂樓的無邊界泳池則像是澡堂一樣，充滿了挺著肚子的老男人與穿著比基尼在賣弄風情的觀光客。

「這麼多人出出入入的，實在不像個高級酒店，反而像個機場。」她說。

「是啊，大廳櫃檯像是機場 Check-in 的地方一樣。」我看著房間內的合成板材做的書桌說。「廉價如商務酒店的建材，沒有生命的設計方式。」

「但這裡非常受歡迎。」她感歎地說。「美國財團眞是厲害呀！」

一陣烏雲飄過，天空變暗，然後又亮了起來。

她是女兒幼兒園同學的媽媽，我們也就是一同爲學校家長的關係。她和我都會在送小孩上學之後到相同的咖啡廳去喝杯咖啡，原來只是常在咖啡廳看見對方，但之後在學校活動時才正式相認的。之後我們就常在咖啡廳一起聊天，知道我的職業後，她就說她想去參加我們公司辦理的酒會。去了幾次後，她就請我幫她買其中一瓶我覺得好喝的酒，然後約我和她一起喝。後來我們就常常出來約會喝酒，一切進展得非常的順利。我覺得與其說是我誘惑她的，不如說是她誘惑我的，而我可能只是一道她打發時間的餐後甜點，有時候我不禁會這樣想。

在一起喝酒一陣子之後，我發覺她有一種獨特的才能，她可以歸納出一些其他人無法了解的法則，同時可以提出非常奇特的一些觀點。原先我覺得她只是一個味覺與直覺特別靈敏的人，但有一天她悄悄地告訴我，她天生就有一種能力，可以「聽到葡萄酒的聲音」，因此她在品嚐葡萄酒時，除了色香味之外還可以「享受」或「聆聽」葡萄酒的聲音。

「其實只要想聽它們的聲音，它們就會告訴你。我做的只是耳朵的工作，或者是說相當於耳朵的工作。葡萄酒是活的、有生命、有靈魂的，不同瓶相同的酒在不同時期所發出的聲音都會不一樣。」她在說著葡萄酒的時候就像在說窗外濱海灣花園（Gardens by the Bay）天空的飛鳥一樣。

「爲什麼你會有這種能力呢？」我好奇的問。

「好像是我父親那邊血統的緣故，我們家族都會有一、兩個小孩可以聽見葡萄藤和葡萄酒的聲音。小時候我曾聽我父親說過哦。」

「聽聲音噢。」我試著這樣問。「所以，它們告訴你什麼？」

「很多不同的事情啊，例如濁濁像水的聲音大概就是就是法國的，明亮的笛子大概就是西班牙的，義大利就像是在唱著歌，紐西蘭大概就是一段節拍，而南美洲的就比較像錯時的鐘聲……。」

「義大利？唱歌？」我大概露出了很疑惑的表情。「唱什麼歌？」

「因爲你聽不到啊，所以我們沒辦法討論。」

「我的意思是，只有聲音嗎？還是有意義在裡面？」我說。

「**所謂的聲音就是意義**，**萬物都是隱喻**，**世界是相關聯的**。這個你應該無法了解吧。」她說。我確實無法了解這種文字遊戲似的哲學理論。

「那可口可樂或七喜有聲音嗎？」我試著這樣問。

「就是機器在轉動的低沉的嗚嗚聲啊。」她掩嘴而笑說。

「眞的嗎！」我驚呼說。

「騙你的。」她說。「不會有聲音啦，可口可樂是沒有生命的。」

「嗯，沒有風土的東西是沒有生命的。」我附和著說。

「這句話不錯，是你說的嗎？」

「不是我說的，是一位做湯姆士·雪菲爾（Thomas Sheffield）的英國葡萄酒大師說的。」我誠實地說。

「所以我不會只是去喝葡萄酒有什麼味道，而是去聆聽他想要告訴我的東西。」她說。「我知道這是我喜歡的味道後我就去聽它的聲音。試了幾次後就知道，我喜歡的酒都很一致的。」

「原來如此。」我說。「但你說的一致是什麼意思。」

「就是你常常掛在嘴上，但我不太懂的產區、年份、品種、與風土啊。」

「那你喜歡什麼？」

「勃艮第的 Aligoté（阿麗格蝶），屢試不爽。」

「是嗎，那的 Aligoté 聲音有什麼特別呢？」

「例如這瓶 Aligoté……」她搖了搖酒杯，看著青白色的酒液，閉上眼睛說：「她的聲音就像是庭院的屋簷垂掛下來的清脆的風鈴聲，像是一位年輕女性喃喃自語低吟的一首詩。」

她對這瓶 Aligoté 用了「她」這個字，眼神看著前方空間，語調上像是在描述一位朋友的樣子。但我喝起來就像是普通的白葡萄酒，只是酸度夠高，有點爽脆的口感而已。

「還有些什麼在四周迴盪著，同時充滿了希望與迷惘。唉呀，這些都不是言語能表達的。」她搖了搖頭，拿起酒來喝了一口。

「嗯，**只從味道喝酒，就落了下乘**。應該去喝葡萄酒中的精神，聽葡萄酒、大地、或釀酒師想告訴你的事情，讓喝葡萄酒成爲你生活方式的一部分。」

「說得很好呀，那自己爲什麼你不常這樣做呢？」她謹愼的選擇用字，可能是怕傷到我的感受。

「這句話不是我說的，也是湯姆士．雪菲爾說的。」我有點不好意思的說。

有一次她忽然約我在公司附近丹戎巴葛（Tanjong Pagar）的一間很有名的老房改造的高級餐廳裡吃飯。因爲是吃晚餐，所以我接到她的邀請訊息時有點驚訝，但還是找了一個與客戶應酬之類的理由讓我可以晚點回家。晚餐時她穿得很漂亮，像是國宴時的穿著一樣。我點了 Chenin Blanc 作爲搭配當日生蠔與海鮮的酒，這應該算是一個很標準的搭配方式。

「例如這個酒呢，她有什麼聲音。」我有時候也會試著也用「她」或「他」來形容酒。

「她？噢，這個酒嗎？」她看了我一眼，然後笑了，笑得不知所謂。

「怎麼了？」我問。

「莫內熱帶花園的河水慢慢流動的聲音，溫暖濕潤的空氣，一絲甜膩的香氣，像是要包圍或保護著什麼的歎息。」她說。「有點貪心……這個酒很像我，你覺得我是個貪心的人嗎？」

「嗯，貪慾、貪求、貪愛。」我說。

「和你們新加坡男人的三怕相反。」她說了幾個發音有點怪的閩南話，然後吐了吐舌頭。

她在吃飯時告訴我，因爲她先生工作的關係她下個月就要搬去布宜諾斯艾利斯了，之後她應該會很忙，所以今天可能是最後一次見面了，她在言語中露出了一點點毅然決然卻又依依不捨的情感。

雖然很突然，但我知道這一天遲早會來的，我不能多說什麼，也不應該說什麼，「**有一方決定，另一方就必須同意**」，這是一開始就約定好的事情。**相知、相伴而不相守，我們的**交往**就是如此**，但能在生命裡相伴走過這麼一段，就是難能可貴的事情了。

我只是覺得很落寞，**該死，我今天並沒有預期要別離的**。

「嗯，但那裡應該沒有什麼好的 Aligoté 哦。」我淡淡的換了話題，試著不在語氣中露出我的留戀。

「那……布宜諾斯艾利斯有什麼？」她問。

「探戈、革命、牛肉、與馬黛茶。」

「還有呢？」她說。

「五月廣場、九月大道、艾薇塔夫人、和托托尼咖啡廳。」我接著說。

「還有呢？」她看着我，眼中露著光芒。

「還有……聽起來像主座教堂鐘聲的那個。」

「我知道，Malbec。」她這次說出了正確的答案，笑得蒼白而燦爛。

「所以……就這樣嗎？」我說。

「嗯，就只能這樣了。」她瞇著眼，像是 Love Psychedelico 般擠出了最後笑容。

「安頓下來後寫信告訴我你的地址，我再寄幾瓶你喜歡的酒給你。」

「好呀，我再告訴你。」但**我們兩人都知道，她不會寫信給我，我不會寄酒給她，我們從此應該就不會再見面了**。

吃完晚餐的最後一道菜後，她付了這一頓晚餐，我們站起來把椅子靠好。我扣上西裝的第一顆釦子，幫她披上她的披肩，然後我們做了道別的吻頰禮，一個帶著漫長擁抱的而被淚水濡濕吻頰禮。我看著她略紅的眼睛，挺直腰桿，手輕扶著她的肩膀，讓自己像起來像個成熟的男子漢與紳士。只是，新加坡冬天晚上的天氣還是好熱啊。

「再見。」她對我眨了眨眼。

「Au revoir！」我說。我故作堅強，露出了一個優雅如戲的文明表情，站在原地，目送她遠去。

後來就再也沒有見過她了。

＊　＊　＊　＊

許多年以後，我在法蘭克福的機場買了一本關於歐洲歷史的書，作者非常博學，一路從希臘哲學、羅馬帝國、蠻族入侵、封建社會、文藝復興、工業革命、然後談到現在世界的混亂，與未來西方文明的衰敗。其中他說了一些關於羅馬帝國的衰亡的觀點。雖然那是本關於西方文明與文化的書，但不知道爲什麼讓我想起了她與她所說的 Aligoté，**那裡面有一種慾望、率直、與巧合般的東西**。看的時候不禁讓我非常懷念那些自以爲內心有著確實幸福存在與那種有陽光的日子。

唉，時間過去得實在太快了。

荏苒 Rénrǎn, Níngxìa Hèlánshān

「我們眞的是魔鬼呀！你看，即使燈下我也沒有影子。」男人微笑著說。

確實如此，男人在桌上張開牠的雙手，十隻手指像蝴蝶般在我面前亮晃晃地舞動著，牠的手很漂亮，什麼戒指都沒有，手指修長光滑均勻，像是件藝術品。燈光下男人穿著白衣白褲，領帶與皮鞋也是白色的，蒼白的臉色斯文而帥氣，像是從少女漫畫走出的瘦高男主角。但沒有影子的這件事非常不自然，乍看之下沒什麼，但細看就會覺得很奇怪，像是我的面前是個全息影像或是植入的合成動畫。

「這個男人和世界並沒有連接著。」我心想。桌下有個像蛇一樣的東西在緩緩地移動著，那條蛇有兩個頭，蛇身上面有點短毛。一個頭吐著蛇信，另一個頭則露出牙齒，兩條都閉著眼睛，互相噬咬摩蹭著，像生物般滴滴溜溜地滑動著。我心頭一緊，問：「那是什麼？」男人說：「噢，抱歉，那是我們的尾巴，有時候會出來活動一下。」一面說著尾巴就縮了回去，像是我剛才看錯了什麼。

現在室溫是二十二度，時間是晚上九點三十分。我們約在一個私人會所的二樓包間，房間中只放了張長方桌，那張桌子原來是用來玩德州撲克的。現在鋪了兩層厚厚的白色桌布，把原有的線條與色塊都蓋住了。桌上一共放了六個波爾多杯，四瓶礦泉水，兩個水杯，兩個吐酒桶、十張左右的Ａ４紙，另外還有一個帶有溫度計和電子鐘。透過包間的落地窗可以看到樓下餐廳。今天下雨，生意不是很好，只有零星的幾桌客人，餐廳用了工業風冷色調的設計，看起顯得更爲冷清。

在這個雨夜之中，魔鬼依約而來，也沒見牠把門打開就逕自走進房間坐了下來，牠的身上一滴雨水都沒有沾到，身上乾淨得像是散發著光芒。魔鬼一上桌就放了一個透明的玻璃瓶在桌上。玻璃瓶中有著緩慢移動的亮光，一閃一閃的，像是螢火蟲一樣。

牠說：「放這個在桌上會讓你分心嗎？」

我搖搖頭說：「分心？這是什麼，像是活的。」

「這就是靈魂啊，靈魂在莫塞拉斯瓶中就是這個樣子的。」魔鬼露出了一個像是小男孩看著雨天戶外的期待出去玩的表情接著說：「**人類的靈魂很美吧，你不覺得嗎？**」

我說：「爲什麼魔鬼收集靈魂呢？」

魔鬼說：「就像有人收集古董車，有人收集郵票一樣。魔鬼的興趣就是收集靈魂啊。就像畢達哥拉斯教派（Pythagoreanism）裡面說的，靈魂是永恆存在的，是不朽、不滅、而且會輪迴的，而且在莫塞拉斯瓶子中會永遠的閃爍著微小的光芒……噢，抱歉，但這個你們現在應該已經不知道了[21]。但，總而言之，靈魂很美，男的女的都一樣，你不覺得嗎？」

我說：「在我們開始之前，我可以問幾個問題嗎？」

「可以呀，但要反悔已經來不及了，我們已經簽了合約噢。」魔鬼說：「還是你身體不舒服？想延期？」

「我並沒有要反悔或延期。」我說。「我只是想知道，從你眼中你看我的靈魂是什麼樣子的。」

「有句話說得很好，如果你想和惡魔交換靈魂，起碼得有靈魂。」男人停了一下，瞇著眼睛專注地看著我說：「你不但有靈魂，而且你的靈魂很老很美，發著很純粹而成熟但好奇的光芒，大概有一、兩百世左右了吧。雖然不知道為什麼，像是霧濛濛的早晨，連聲音都聽不清楚，但我們還是可以穿過濃霧看得出來。我們是魔鬼，辨別人類的靈魂是我們的專長啊。」

魔鬼略微瞇著眼看著我的表情就像是在看心愛的事物一樣，非常深情。牠看著我，但又像是在看著我身體裡，我的身體微微發熱，口中發乾，我覺得身上像是一絲不掛，在牠面前被牠看透，我不禁顫抖了起來。我忽然想起廣東朋友說喜愛一件事物的時候，有時候的意思其實是把它吃掉。

「那如果人沒有了靈魂會怎樣呢？」我問。

「不會怎樣，只是偶爾會有點頭暈恍惚而已。還是可以開車上班、出國旅遊、或是參加游泳比賽啊。」魔鬼說：「但**如果有一天死了就是死了，句點**。這樣而已。」

「不是吧，人沒有靈魂就不成人了呀？」我說。

「不是這樣的，**其實很多人都沒有靈魂啊**……像你看……那個男的和那個女的。」魔鬼指了指樓下餐廳中一對正在聊天的男女。女染著一頭棕色頭髮嘟著嘴，把腳翹在窗邊的欄杆上，一副半生氣半嬌嗔的樣子，男的在旁邊哄她逗她笑，但看起來也只是配合著她在演著戲。我正想開口說話的時候魔鬼比了一個手勢阻止我接著說：「……那男的只是想著要和那個女的上床，那個女的也知道。但他們兩人都沒有靈魂，他們其實只是肉體上活著而已，這和行尸走肉差不多，但他們自己並不知道啊。」

「可是如果……」我說。

男人仿佛看透了我的擔憂，又做了那個手勢有阻止我說：「不用害怕，我們願意和你打賭就是打算遵守約定的，其實魔鬼是非常重視信用的。而且合約是你訂的，你出的題目，我們做的文章，我們只要符合你合約規定就可以了，不是嗎？你只要小心不要寫錯內容或寫錯字就可以了呀。」

我說：「寫錯字，怎麼了？」

男人說：「有個小故事是這樣的。」男人說到這裡撓了撓頭露出了一個頑皮的表情，拿起桌上的水杯，聞了一下，然後喝了一口，歪著頭用像是在背課文的那種語調說：「你的女兒一直央求你買一隻小馬給她，於是你讓她寫封信給聖誕老人。在聖誕節那天早上，在前院裡看到了一匹會噴火的馬，還有前門的一個小包裹……似乎你的小女兒把 Mr. Santa（聖誕老人）寫成 Mr. Satan（撒旦），然後

Mr. Satan將禮物送到了。[22]」

魔鬼滔滔不絕地說，而且一直用複數來稱呼自己，可能是牠自己是個嘮叨的魔鬼或試圖降低我的專注力，我不知道。我開始覺得有點厭煩，而且我不希望被牠影響，於是說：「這個故事我可沒聽過，不過沒關係，回歸正題，我們開始吧，可以嗎？」

惡魔像是有點失望，但還是微笑地點了點頭說：「好吧，沒問題。」

和魔鬼盲品的規則很簡單，就是我們各自帶一瓶酒，互相倒兩杯酒給對方，讓對方猜這杯酒的「葡萄品種」、「國家」、「產區」、「年份」等資訊。其中如果答對品種得四分、國家得兩分、產區得三分、年份得一分，加起來共十分。另外，如果可以再說出「酒莊名稱」或「酒名」則可以各再加三分。開瓶後不醒酒，時間共三分鐘，只寫出大致正確的名稱就可以，不一定要完全拼字拼對。得分高的人獲勝，一場分勝負。另外還規定了盲品的時間、地點、三個空酒杯的杯型、四千五百 K 的燈色、桌面的顏色、病假規則等內容，我在上個月中就把這些規則清楚地寫在羊皮卷上，然後和魔鬼簽了約。

不過那個時候魔鬼不是長這個樣子的，那時候牠看起來像是一陣流動的黑煙，在結界外遊移著，緩緩地繞著圈圈。我在牠出現後說明了一下，然後把羊皮卷扔出了結界。羊皮卷浮在煙上——應該是牠仔細看了一下，然後簽了名扔了進來。我當然知道牠的名字，而且我知道怎麼唸，能正確唸出牠的名字與唱出相應的降魔咒語是召喚特定惡魔的基本條件，但我看不懂他的簽名，在羊皮卷上的看起來就是一堆草寫的符號而已，就像是俗稱的「鬼畫符」。

據說魔鬼的簽名不會是假的，惡魔對賭賽一向樂此不疲，牠們不但守信用，而且相信自己會獲勝。我看了牠的簽名後故意裝作看得懂的樣子，裝模作樣地點了點頭，然後也簽上了我自己的名字，我有點心虛簽得有點潦草，雖然我知道這並沒有什麼區別。

我用牛骨做的酒刀打開了我帶來的酒，倒了一杯給我自己。習慣性地搖了一下酒杯後，簡單喝了一口，確認酒並沒有變質、沒有TCA問題。我知道我試酒的時候心思不能分析酒的味道，我最多只能確認酒的品質，而不是爲什麼造成這樣味道的風土。因爲我一旦想到風土，我就會想到產區、氣候、年份、土壤、酒莊、釀酒師等內容，聽說所有的魔鬼都是讀心術的高手，牠可能會藉由偷讀我的心思了解我帶的酒是什麼。

今天我帶的酒略帶甜味，飽滿集中，酒精度很高，單寧像是被吃掉了一般沒有結構，酸度也略微尖銳。許多「那裡」的酒都是這樣，那裡的許多酒莊都像是瘋了一樣，把味道做得濃縮，酒體做得飽滿而超越常理，喝一口就會像是聖誕節前夕購物提著大包小包回家般，不但什麼都有了，而且多了很多，我以前就稱這種味道叫做「聖誕大採購」。但這應該只是爲了迎合消費者喜好而做成這樣的口味吧？這些矛盾的組合加上明顯而特意的橡木桶味，暗示著這是一個口袋很深的酒莊。這種酒莊通常……像是冬天早上起床……噢！天哪，我必須提醒自己不能再想下去了，不知道我今天爲什麼這樣，我的思緒像是從雲霄飛車的最頂端一路向下般無法中斷停止。我搖了搖頭把接下來的各種念頭甩開，用力握了握拳，讓事先磨尖的指甲掐入自己掌心，一絲絲的疼痛讓我清醒了起來。

我裝作若無其事的樣子，拿起魔鬼面前的酒杯幫牠倒了兩杯酒，然後冷靜地對魔鬼說：「沒問題，我確定這個酒的狀態沒問題。」

然後魔鬼對我笑了笑。

我在選酒的時候動了點心眼，我拿了一瓶叫做「荏苒」的酒，是二〇一四年寧夏賀蘭山產區的，味道非常的典型，某種程度上算不上是很難盲品的題目。但這瓶酒的前後酒標上一個英文字都沒有，連「赤霞珠」三個字都是用中文寫的，只有瓶底有幾個英文字母與數字混合的的酒瓶製作批號——PN2164K，而酒塞也是普通的軟木塞，上面有些不知所謂的幾何紋裝飾，沒有其他任何可以參考的線索。我相信魔鬼不懂中文，更不可能懂酒標上面杜甫寫的那首古詩：「風塵荏苒音書絕，關塞蕭條行路難。已忍伶俜十年事，強移栖息一枝安。」我覺得這首詩應該是在說時間和流浪的一些事情，但是不是如此，我也不太確定。但起碼我會唸酒標、產區、酒名、還有國家的名字，這點是毋庸置疑的。

我把整瓶酒用黑色不透明且紫外線與X光都無法穿透的特殊塑膠袋裝了幾層，希望科學可以打敗魔力，然後再用膠帶封得嚴嚴實實的，確保沒有任何一個縫隙可以看到酒標上的文字。至於瓶型這件事我並不是很在意，因為現在酒莊都隨便使用，瓶型什麼的其實已經沒什麼特別意義了。

魔鬼反手伸到牠身後我看不到的位置，像是魔術一樣，不知道從哪裡拿出來一瓶用牛皮紙包包好的酒。用手指指我的酒刀說：可以嗎？我點點頭，他站了起來，左手抓住紙袋口，右手拿酒刀輕柔優雅地把酒塞取了出來，然後牠看也不看地把鋁封、酒塞都放到他三件式的背心的口袋裡。最後倒了一杯在桌上，然後牠把酒瓶放在桌上。牠拿起牠的酒也不搖就直接喝了一口，喝的時候看了我一眼，像是意有所指。我決定主動反擊，不墜入他的節奏之中，我說：「味道好嗎？」牠說：「你試試看。」然後大方地把酒瓶遞到我這邊來，包著酒瓶的牛皮紙袋鬆垮垮的，等著我偷看，像是在影展紅地毯上穿著低胸衣服的女明星。

我相信魔鬼想要引誘我作弊，魔鬼的從遠古以來的老辦法就是提供誘惑，各種不同誘惑，無論對浮士德、帕格尼尼、塔替尼、羅伯特．強生都一樣。我知道我怎樣都沒辦法從牛皮紙袋中看到裡面的內容的，而且如果我偷看了，不用比賽就輸了。我露出一個湯姆．克魯斯式的美式微笑，用手握住了牛皮紙袋口，爲自己倒了兩杯酒，然後放下酒瓶。

我平攤雙手，嘟了嘟嘴，做了一個「我們開始吧，可以嗎？」的表情。魔鬼對我點了點頭，然後看了桌上的鐘一眼，也和鐘點了點頭。接著，像是有人去按下按鈕般，數字鐘就自己開始跳動了起來。

魔鬼露出一個炫技後得意的微笑說：「開始吧。」

我按照我的品飲步調與節奏，先不看顏色，喝一口之後在心中給自己一個暫定的「直覺結論」。之後再回頭從顏色、香氣、味道逐步分析，再給自己另外一個「分析結論」。如果兩個結論一致，那就沒什麼好猶豫的，可以直接給出答案。但如果直覺的答案與推論的答案不一樣，那就比較麻煩。但我通常還是會相信直覺。從以前就這樣，無論是長期與短期的、有形與無形的、已知與未知的、推論與直覺的、可見與不可見的、計劃與變化的，我一律都相信後者，雖然這曾給我帶來不少的麻煩，但我還是堅持這樣做。我有一套自己的分析方法論，我會從各種不同的基礎指標來推論：酸度酸型、甜度殘糖度、單寧強度與大小形狀、酒精與甘油、顏色與其色相分佈、紅黑果味類型、香氣集中分散、橡木桶種類、口中餘韻時間長短、桶陳時間等，當然還有其他的各種不同的味道，從動物到植物，從土壤到藤蔓，各種大地與空氣中、自然與非自然的味道。如果時間還夠，我會從七大主要品種，再到二十大主要品種深入比對，在從風格、氣候類型、土壤、日照、溫差、排水因素逐步進行，最後得到我的「分析結論」。

我喝了一口，酒體與結構讓直覺立刻告訴我這是瓶卡本內─蘇維翁──全世界最普遍的紅葡萄品種。嗯，我有暫定結論了。接著我吸了一口氣，喝一口水，然後重新分析魔鬼拿來的酒。

魔鬼的酒略帶甜味，顏色很淺，裡面像是勃艮第或是佳美才有的顏色，但沒有佳美的艷麗，也沒有勃艮第的淡薄，這個又比那些色深點，有些十分細微的花青素掛在杯壁。喝起來和我今天帶來的酒有點像，雖然味道濃郁而集中，裡面有一種不平衡而尖銳的酸形，但是卻很有結構，甚至可以說有種建築感，腦中不禁浮現了高第所設計聖家堂（Sagrada Familia）的模樣。我咀嚼了一下，讓裡面的單寧附著在我的舌苔與上顎，單寧很粗放，這瓶用了一些不知道哪裡來的橡木桶，不是法國桶，也不是美國桶，沒有香草與椰子的暗示，倒是帶有點清香又有點檀香木味，非常奇怪。水楢桶（Mizunara）？不可能，那是威士忌才有的東西。這樣推論起來，幾個彼此矛盾的指標相互干擾，讓我完全不知道這是什麼。

今天只有三分鐘，時間不算很短，但也不算很長。桌上電子鐘的數字跳動著，時間一秒一秒的過去，我偷瞄了魔鬼一眼。牠似乎一點也不著急，只是坐在椅子上靠著椅背，看著莫塞拉斯瓶中靈魂的光芒，像是夏夜在泳池畔悠閒品飲時看著桌上的燭光，一副只是享受手上美酒的樣子，口中還哼著韓德爾的小曲。接著他從口袋中拿出一支黑色的鋼筆，在桌上的紙上寫了像是品酒心得的文字。如果不是我們正在比賽，我會覺得牠像是在寫一首詩或畫鋼筆素描。

我忽然想起前年與朋友在納帕谷喝酒的事情，那是一個有趣的朋友，他在奧克維爾（Oakville）產區買了一塊田，由於田實在很小，他一年就只能產兩百多瓶，連一個標準波爾多桶都不夠。而且由於要申請貼標販賣的商業流程實在太麻煩，於是他就索性自己每年把這些酒全部都喝掉。只釀紅酒有點無聊，所以他把他百分之百的卡本內—蘇維翁做成紅葡萄酒、桃紅葡萄酒、白葡萄酒、氣泡酒、與Grappa（酒渣白蘭地），增加一點飲酒的變化，避免太一致而無聊。某天中午我們帶著他的酒去French Laundry餐廳吃飯的時候他還很得意的告訴我說：我的田離Screaming Eagle很近，直線距離不到三百米呢。然後他從桌下拿出一瓶粉紅酒（Rosé）放在桌上說：「自釀自喝，來吧，這是今天的份。」明晃晃的光線下，那個粉紅酒就和今天的酒顏色很像，簡直是一模一樣。

我就是在那時候第一次喝到卡本內—蘇維翁釀的粉紅酒，那個酒就像這瓶就一樣，顏色介於粉紅酒和紅酒之間，我朋友借用波爾多酒常用的一個詞，把這種顏色叫做Light Claret（輕盈的淡紅葡萄酒色）。顏色不深，但卻有單寧造成的結構感。據我朋友說他其實他是把紅酒和粉紅酒混合在一起在橡木桶中發酵而成的。我朋友笑說，**農夫就是這樣，有什麼釀什麼，有時候只是任性地隨意混合一下**。但其實我朋友並不是個農夫，他在舊金山作金融期貨與虛擬貨幣投資獲得很大的成功，是個極爲專業的理財顧問。釀酒只是他的一種興趣。

「嗯，應該就是這個，不會錯的。直覺與分析完美的一致，這是最好的狀況。」我心想。就在這個時候，倒數的數字鐘發出了嗶嗶聲，把我從 French Laundry 的回憶中回來，時間到了。

我坐正了身體，拉齊我的領子，端正我的衣冠，然後對魔鬼說：「讓我先說，我就用說的，可以嗎？」

魔鬼點了點頭，做了個請的手勢。我說：「你的酒是卡本內—蘇維翁爲主的混釀，南美智利卡薩布蘭加（Casablanca）產區的酒，二〇一二年的，而酒名與酒莊我不知道猜不出來，但應該是一個不出名的小酒廠。」

魔鬼又露出那個像在看所愛之人的表情，牠看著我的身體中心，然後緩緩地說：「品種對了，但其他都錯了，不錯不錯，你可以得到四分。」

我把牠的酒從袋中拿出，這是瓶俄羅斯的酒，酒標上產區什麼都用俄文寫，除了年份外，我完全都看不懂，但背標上有英俄雙語的說明，上面清楚寫著這是一瓶卡本內—蘇維翁爲主的混釀。但不知道爲什麼這個酒把顏色做得這麼淺，但可能眞的像我朋友說的，這只是釀酒師有什麼釀什麼的即興作品吧。

「換我說了吧。」牠露出一個嘟著嘴的笑容說：「你提供的酒雖然不常見，但也不困難。這是一瓶是中國的酒，年份是二〇一四年，產區、品種、酒莊名、酒名都是中文，我不會唸，但我知道是什麼，我可以寫得出來。」

魔鬼拿出了他剛才寫的紙，上面歪歪扭扭寫著「中國寧夏」、「荏苒」、「爲赤霞」、「賀蘭山」、「長安十八闕」、「2014」幾段文字。除了「爲赤霞」這個詞寫錯了——應該是「釀酒的品種『爲赤霞』珠與梅洛」這句的一部分——其他全部寫對了。說完，魔鬼做了一個手勢，我在酒外面的塑膠封套與膠帶就自己解開，和他手寫的紙條慢慢的飄到我面前來，讓我確認。

我看著那張紙，楞了一下——顯然魔鬼不知道用了什麼手法偷看了我的酒標，雖然如我所料，但我還是防止不了。空氣中出現了一種腐敗的香氣，我忽然覺得有點恍神和暈眩，後頸部有點發熱，像是什麼東西要離開我的感覺。我急忙搖了搖頭，再一次握拳將指甲用力掐入我的掌心中，我是如此的用力，以至於我手掌都快流出血了。我知道我必須冷靜，但我的思緒像是洩洪一樣，難以停止與平息。

「等等……」我想我應該是露出了一個痛苦的表情。

我按摩了一下我的太陽穴，然後我用力的吸了一口氣，然後緩緩的吐出，集中的元神讓自己不再暈眩，然後抬起頭做出了一個困惑的表情勉力地對魔鬼說：「說實在的，我大概勉強可以看得懂你的筆跡，你的筆畫什麼的有許多錯誤，少一筆多一劃之類的……我知道中文確實很難。沒關係，這樣吧……我想知道的只是……你寫的這幾組詞……哪一個是品種？哪一個是國家？哪一個是酒莊呢？」

說完後，我雙掌按住我的太陽穴，低頭專注地分心想著上個月在澳門官也街吃的豬排堡、凍檸七和蛋撻的滋味，努力不讓牠讀出我的心思。那個豬排堡加了一些美乃滋，事先醃過的豬排烤得非常香；凍檸七裡面仿佛加了一滴滴鹽巴，讓味道變得更有平衡感；而蛋撻就有點過甜，遠遠比不上我在里斯本海邊小店吃的那一次。我是如此的分心，以至於我都覺得我能聞到豬排的香氣，還有口中可以感受到凍檸七中七喜的氣泡。

在此同時，魔鬼有點尷尬地用牠的修長的手指了指說「中國寧夏」說這是國家，再用手指著「荏苒」說這是產區，而「長安十八闕」說這是酒名，然後指著「賀蘭山」說這是「品種」，最後指著「爲赤霞」說這是酒莊名。接著我拿回他手上的A4紙，寫上「品種」、「國家」、「產區」、「酒名」、「酒莊名」這幾個英文字，然後幫牠把牠的答案與這些題目劃線連起來。很明顯的，魔鬼寫出了全部的答案，但卻無法區分哪一個詞是什麼，魔鬼可以說幾乎全部都寫對了，但牠卻全部連錯了。**這就像是一局全錯的連連看**。

我把紙推過去，用手指著上面的文字對牠說：「所以……這是一瓶『二〇一四年』……在『中國寧夏』這個國家……的『荏苒』產區中的『爲赤霞』酒莊，用了『賀蘭山』這個葡萄品種所做的『長安十八闕』，是嗎？」男人的臉色非常難看，無奈地點了點頭。

我拿起面前的酒慢慢的說：「但是，正確的答案應該是，這是一瓶『二〇一四年』在『中國』的『寧夏賀蘭山』產區的『長安十八闕』酒莊，用『赤霞珠』所做的『荏苒』。……所以你只答對了年份，得到一分……這場盲品應該是我贏了。」

「這不公平！」魔鬼用複數的第一人稱憤怒地說：「我們不懂中文，所以我們才答錯的。錯的不是盲品，而是中文。這不公平！」

「沒有什麼不公平的。我也不懂喬治亞文、韓文、俄文或羅馬尼亞文，就像你說的這是盲品比賽，只要答對了就算贏了。何況如果你不懂中文，你怎麼能寫得出來呢？」我改變語氣，聲色俱厲地說：「**想召喚魔鬼，你必須知道牠的名字**，不是嗎？如果話說不出口，答案不正確，就什麼都沒有了呀。《雷蒙蓋頓》（Lemegeton，又名《所羅門之鑰》）裡面寫得清清楚楚。你不但說不來，而且你把你正確的答案填入錯誤的空格裡，這怎麼樣都不能算對呀。」

憤怒的魔鬼眼中燃燒著火焰，露出十分怨毒的眼神。桌上的羊皮紙燃燒了起來。然後整個桌子、A4紙、餐巾紙、葡萄酒、酒杯都燒了起來，接著整個房間都都是火焰，非常的可怕，像是電影中消防隊才會遇到的場景。

「這不是真的，這不是真的，這不是真的，這不是真的。」我告訴我自己，千萬別害怕，害怕就輸了。我狠心咬了咬牙，伸出手去拿起羊皮紙卷，羊皮紙在我手中燃燒，但一點都不燙，那就是一張紙的溫度、重量、與觸感。什麼火焰的、熾熱的都是幻覺。

我抓著羊皮紙從結界中的座椅站起來大聲的對牠說：「我們的契約寫得很清

楚，你必須遵守契約。」周圍亮了起來，我作勢揣著什麼要跨出圈外的樣子，這一瞬間，我忽然發現我的手和羊皮紙卷的契約上開出了花，白色的鈴蘭花，下垂的花鐘隨著我的手輕微地晃動著，我聞到了一絲香氣。我頓了一下，我知道那又是另一種幻覺。

接著周圍又暗了下來，火焰的幻覺與空氣中腐敗的香氣消失了，周圍的風微微地流動著，像是有人把不知道哪裡的窗戶打開了一般。我知道魔鬼不情願地離開了

「我贏了。」我心想。

* * * *

後來的事情我就不太願意說了。我的嗅覺與味覺在魔鬼的魔力之下變得非常的敏銳，我可以輕易地判斷葡萄酒中所有味道的細節，我理所當然地獲得了世界

各種葡萄酒、啤酒、威士忌、茶、咖啡、雪茄、橄欖油、芝士、甚至是礦泉水盲品比賽的冠軍，我被稱作「金鼻子」或是「神之味覺」，我成爲各種不同行業的顧問，賺了難以想像的一大筆錢，也成爲了一個知名的傳奇人物。

但令我困擾的事情是，隨著時間的過去，我味覺與嗅覺越來越好。我會聞到各種所有的味道，好的與壞的，這些味道會非常地強烈與粗暴地進入我的感官之中，我有時候在城市中心猛吸一口氣，我會**像是聞到了一部百科全書，裡面會有著人類歷史與世界地理的所有味道**。生活之中的廁所、垃圾、寵物之類的就不提了，連和女孩子約會的時候，在餐桌上我就可以聞到他身上各部位發出的各種氣味。昨天沒洗澡、上廁所後的絲絲味道、去年身上噴的俗氣香水、腋下的蘑菇味、身下的龍蝦味、新絲襪的尼龍味、鞋子與腳的過度陳年的味道，這些味道都會無限放大地充滿我的大腦，暴力般持續地折磨我。這讓我十分苦惱，我所有的約會都因爲這樣而失敗收場，最後我只好像葛奴乙一樣，搬到高山上去自己一個人住。

但搬到山上之後，可能由於周圍的味道變少了，或者是我的嗅覺變得更敏銳了，我開始會聞到自己身上絲絲的油垢與各種其他的味道。我記得中國有一句俗語「入芝蘭之室，久而不聞其香，入鮑魚之肆，久而不聞其臭」，意思是味覺是會習慣的。換成科學的解釋則是：人類鼻腔後方，有一個叫做嗅上皮的細胞組織。這些細胞在腦內通過嗅覺神經元連接到末端的「受體細胞」，當微觀味道分子在空氣中流通，或者這些分子在咀嚼中被分解時，分子便會與受體細胞接觸並附著，然後產生電流信號。當大腦收到信號時，便會讓人類聞到味道。但是，當嗅覺把氣味資訊傳遞給大腦以後，若人沒有離開這個環境，原來的氣味又沒有發生濃度的變化，大腦就逐漸跳過這一氣味信號，以便接收新的信號。

但這是說明一般人的情形，而不是我。這種情形在我身上完全不適用。我還是會不斷地聞到我自己身上的味道，我的胃裡面的味道、腸子裡的味道、血液裡的味道，甚至我的胃、腸、肝與腎的味道，從口、手、腳、腋下、毛孔中散發出來。因此我只好一直在鼻子上戴著一個口罩過日子，但口罩中人造纖維的味道還是薰得我很不舒服。

我嘗試著再召喚魔鬼，我想以我的靈魂交換，把這個能力還給它，但召喚魔鬼必須先保持不洗澡四十九天，使身體散發著惡魔所喜愛的污穢之氣，我大概都在第十天左右就受不了自己身上的味道而忍不住去山溪中洗澡，最慘的一次還因爲我自己身上的味道在房間裡被薰暈了過去。

最後，一直到現在，我只好維持這樣的狀態，和我的老靈魂一起活下去。

＊　＊　＊　＊

我有時候會想起藍調史上第一位大師羅伯特．強生他的《Me And The Devil Blues》歌詞上面寫的事情。據說在上個世紀初某天午夜，他在美國六十一號公路與四十九號公路交叉口將自己的靈魂賣給了魔鬼，以換得了無上的吉他技巧。他一夕成名隨後又在二十七歲時離奇地中毒死亡，英年早逝。現在只留下了三十二首裡面有著如泣似訴的歌聲伴隨著神奇的吉他技巧的歌曲，還有他黑暗與傳奇的故事。《Me And The Devil Blues》這首歌裡他說他與魔鬼同行，但其實最後想做的事情只是希望他死後能埋在高速公路旁——這樣**他邪惡的老靈魂，就可以搭著灰狗巴士四處遊蕩**。

有時候我不禁會想，如果能這樣或許也不錯吧——只要那個時候世界上還有灰狗巴士的話。

註

21 牠的意思是指畢達哥拉斯教派滅亡於西元四世紀，畢達哥拉斯的許多理論與著作在現今都已經失傳。

22 魔鬼說的原文為：Your daughter has been begging you a pony, and you told her to write la letter to Mr. Santa. On Christmas morning, you find a fire-breathing horse in your front yard, and a package by your front door. Looks like she wrote a letter to Mr. Satan, and he delivered.

迪德羅斯的微笑　Graciano

我到川陀咖啡屋（Trantor Café）算塔羅牌的時候，占卜師正在喝酒。

下雨天的夜晚，咖啡屋裡面完全沒有客人，許多燈都關著，看起來今天是提早打烊的樣子。背景音樂放的是類似麥克・尼曼（Michael Nyman）的極限主義風格，優美而輪迴的旋律像海浪一樣，配合著戶外淅瀝淅瀝的雨聲，和緩而有韻律的拍打上岸。

占卜師的眼神渙散，眼睛微紅，看起來剛哭過的樣子，而且她顯然有點醉了，但自己可能並不知道。她看我走過來，一副若有所思的樣子，盯著我看了一下，點了點頭，露出了一個若有似無微笑。

「你……來了。」占卜師說。

「是的，我事先預約過了。」我下意識地看了看手錶，應該沒有遲到。

「這個酒是鏡子……反映你心理的一面鏡子。」她指著桌上的酒瓶。接著搖搖晃晃地從桌下面拿出了一個像氣球一樣薄的杯子，在裡面倒了些酒，然後放在桌上。桌上的塔羅牌有一個簡單的陣型，上面有幾張翻開的牌。

酒的顏色是非常深的紫黑，聞起來有著不錯的香氣集中度與神秘黑色漿果味。我一面想著心情不好又喝醉的塔羅牌占卜師會不會算不準時，我自己的模樣也在酒液的映照之下若有所思地搖來搖去，看來就是一臉的憂愁與不確定。

確實像是面鏡子，反映著我的心情。

「晚安。」占卜師用迷濛的眼神看著我這個方向，但視線的焦點有點奇怪，像是在看我身後空間，卻又像是在看著我的面前，她是在看著我的什麼點著頭，但表情完全不像是對我做的，像是在看著我的靈魂一樣。**這個占卜師不是很醉了就是很厲害**，我想。

「嗯，我預約了一個《高級占卜套餐》。」我試著用無害的方式開場。所謂的套餐，其實就是一杯葡萄酒、一塊蛋糕、和不超過二十三分鐘的個人諮詢。現在葡萄酒已經來了，蛋糕桌上也有，剩下的就是個人的諮詢時間了。

「說吧，你想知道什麼。」然後她用一隻手把牌洗了一下。

「我想知道，我把我的作品改寫是不是個正確的選擇？」我說。

「有具體一點的內容嗎？」

「嗯，我想把我小說的名字從原來的《迪德羅斯》（Dideroth）改爲《迪德羅斯的微笑》（The smile of Dideroth），然後把劇情重寫。」

「那是什麼？」

「小說的名字。」我補充說。「**小說的名字是一本小說最難寫的部分**。我想要先決定名字再繼續把這本小說寫完。」

「那是關於什麼的小說？」

「關於……爲了想做自己而背叛所有人的故事。家世良好的男主角迪德羅斯在里斯本遇見了一個神秘的女子，他們在一起渡過了一段美好的時光，在神秘女子的啟發下……」我有點結巴地說。

「神秘女子……所以你到底想知道什麼？」她顯然對故事不是很有興趣，打斷我的話插嘴說。

「我想知道，我把我的小說改名……還有改寫……是不是個正確的選擇？」我有點慌亂地又說了一次。

「**那要看你覺得所謂的正確是什麼？**」她有點像酒醉在發牢騷似的說。「**一旦你知道正確是什麼，選擇或改變就都是比較容易的事情了。**」

「正是因爲我也不知道正確是什麼，所以才要來算塔羅牌啊。」

她看了我一眼，露出一個冷眼看著俗世的困擾眼神，但她也不再說什麼，直接問了我的生辰和姓名，然後叫我集中精神把塔羅牌洗一下，直接把最前面三張放在桌上。接著她看著面前的牌，也不掀開，仿佛可以看到牌面是什麼一樣，她的胸部隨著呼吸起伏著，喃喃自語的說：「原來是這樣。」

「怎麼了。」我顫聲說。面對一位不掀開牌算命的酒醉占卜師，我想我緊張也是應該的吧。

「這個占卜沒有意義。」她把桌上那三張牌掃入其他牌中，然後說。「**該發生的還是會發生，結果都是一樣的**。」

「這是什麼意思？改名字沒有意義嗎？還是改寫沒有意義？」

「就像某句俗語所說的，世界上的事情分為兩種，一種是有問題的，一種是沒問題的；**有問題的事情，擔心也沒有用；而沒有問題的事情，不用去擔心**。」她說。

「那我的事情是需要擔心的還是不需要擔心的。」我說。**這聽起來不像是算**

命，反而比較像是在猜謎。

「你的事情非常清楚，是一定會發生的，**今天不發生……明天也會發生。明天不發生，後天……也會發生，所以你可以不用擔心。**」她斷斷續續地說，顯然就是喝醉了。「但其實你需要的並不是塔羅牌或占卜，你只是需要別人的一點幫助與暗示，讓你自己不至於顯得那麼的無可奈何。」

「呃，什麼幫助與暗示？」

她看著我，又露出那個看俗世的睥睨眼神，然後若有所思的對我身旁的空氣點了幾下頭。「這樣吧，我們喝一下酒，聊一下別的事情。我等一下……告訴你。」然後她站了起來，從我旁邊走過，把招牌燈熄滅，把大門關上。

她經過我的時候，我聞到了一個熟悉的味道，像是喚起了我像是拿著火把在看牆上壁畫的記憶，我看著洞窟頂端像是圓盤形狀的物體在天空中的壁畫，火把的光閃爍著，讓我很難看清楚那個圓盤東西是飛碟、手環還是什麼其他的東西，讓我不禁愣在當場。

在前幾年的一次腦震盪之後，我就開始對某些特定的氣味敏感。每次聞到這些氣味時，我的腦中就會閃過一些莫名其妙的畫面或記憶片段，只是那些畫面與片段每次都有點不同，有時候是一段旋律、一段影像、一個畫面，也可能是一個物體、一個人、甚至是一段戀情。因此我常常會爲所聞到氣味而失魂落魄，我還發生過因爲著迷氣味而在登機口附近錯過航班的事情。

「呃……要聊什麼？」我搖了搖頭，火把消失，我從洞窟裡出來，回到咖啡廳裡。

「你覺得……我怎麼樣？」占卜師反問我。

「你……喝醉了……有點。」我說。

「呵，還不夠醉。」她瞇著眼睛露出一個我看不懂的微笑，然後拿起酒瓶，把剩下的酒都倒在我的杯子裡面。「你也是。」

「謝謝。」有這樣的美女幫我倒酒，應該沒有什麼可以拒絕的理由才是。

「幫我開這瓶酒好嗎，我想知道這是什麼。」占卜師拿出另一瓶看起來一樣的酒給我。**「我知道你學過一點。」**

「我試試。」我不懂她是如何知道『我學過一點』葡萄酒的，我有點訝異地看了她一眼。這個酒標設計得簡單明快而有質感，像是公共建築的導引標示系統，這是一瓶有點年份的百分之百 Graciano（格拉西亞諾）。

「Gracia-no！」我把重音輕輕地放在『a』上，有點驚訝地說。

「怎麼了？」占卜師說。

「『Gracias』和『No』的組合啊？」我說。

「這是什麼意思……」她的聲音有點微弱，聲調感覺有點語無倫次。

「如果翻譯過來就是『不，謝謝』的意思。Graciano 這種葡萄品種以難種、難熟、難釀、難伺候而出名，你光聽它的名字就知道了。」我說。「也正是因爲這麼困難，所以產量很少，全世界幾乎沒有其他地方種這種葡萄，只有里奧哈（La

Rioja）才有，而且也大概只佔了百分之七的種植面積而已。」

「嗯，Gracia……No，然後呢？」她的聲音很小，像是在囈語一樣。

「這個品種通常也都只是作爲混釀葡萄酒的配角使用，很少做成百分之百純釀的，一般釀酒師都不敢挑戰這個。」我把我所知道的都說出來。「即使挑戰了，也很少有人成功掌握得好。其中最出名的就是一九九四年孔提諾酒莊（Contino）的Graciano了，這個酒在幾十年後，仍然可以保持很好的結構和新鮮度，只是現在已經找不到了。而那位釀酒師是一代大師，連他自己都……」

「嗯嗯……」她眼睛半睜半閉，像是我唱了很好聽的歌一樣。

「呃……另外，這是『Grano a Grano』的，在西班牙文中的意思是『逐粒精選』，就是在採收的時不但用手採收，而且每一顆都……」說到這裡時，我發現她已經趴在桌上睡著了，不一會兒之後還發出了很小的鼻息聲音。

我有點無奈，但還是像個紳士把我的夾克脫下蓋在她的身上，然後坐在旁邊仔細看著她的側臉。占卜師有著漂亮濃郁的黑髮、可愛的額頭、長長的下巴，瓜子臉的輪廓非常漂亮，豐滿的嘴唇，肩膀有點寬、皮膚黝黑。她穿了開了兩顆扣子的如紗般的黑色線衫，露出部份誘人的美好身材，胸前項鏈上有一枚金鉑雙絞的戒指。她的手指修長，紫黑色指甲光潔細緻，打過耳洞的耳朵上垂掛著黑珍珠耳環。她艷麗、冷酷、野性，整個人充滿了神秘而危險的氣息，卽使睡著了也是如此。但最吸引我的其實是她飲酒後身上那個隱隱的動物性與甜香料味，混合著空氣中 Graciano 的味道簡直是個絕配，彷彿裡面包含了我一直在找尋的什麼東西。

「**是我喜歡的類型。**」**我在心中吶喊著。**

我想我是很容易愛上這麼一個女人的，但我總不能因爲一個女人她身上的神秘氣息與氣味就愛上她吧？而且如果眞愛上的話，我的生活就慘了，但轉念一想，好像我的生活還不夠慘似的。她就像是荒原中美麗清澈的小湖、宇宙盡頭未知的黑洞、海盜隱藏寶藏的金銀島、森林深處的黃金城（El Dorado）、大漠中的消失古國，她像是針對所有浪漫的（或愚蠢的）探險家所設計的一個完美陷阱。

我深吸了一口氣，連喝了兩口我剛開的那瓶酒，希望能讓自己能夠冷靜一下。窗外開始下起雨來，呼嚕呼嚕的風聲和淅瀝淅瀝的雨聲混著一些奇怪的聲音像是在說著話，聽起來也有點像是音質不佳的喇叭產生的雜訊。我拿起她桌上的香煙和火柴，逕自點了一根，抽了幾口後，空氣中煙霧讓四周變得模糊起來，許多東西失去了距離感，許多味道被蒙蔽住，Graciano 的味道消失了，但卻讓我自己清醒了一些。

我知道我只是被她的某些**生物性**、**化學性**、**美術性**、**或是物理性的東西強烈吸引**。但其實我對這個女人一無所知，或許我應該立刻站起來離開才是，不應該讓我自己捲入這種困擾與誘惑之中。想到這裡，不禁讓我覺得疑惑而苦惱，我只好又喝了幾口杯中的酒。這種無法抵擋如同致命的吸引力的事情已經不是第一次發生在我身上了，我每次都對有著特定氣味的對象產生興趣，然後不禁會覺得自己愛上了對方，只是結局每次都很慘。我記得上次在神戶是這樣，再上一次在薩拉曼卡時也是如此。

我歎了一口氣放下杯子，決定把她送回房間後離開。

我把她的手攬在我的脖子後面，用手抱住她的腰，她柔弱無骨地靠在我的身上，身體非常的柔軟，我可以感受到她身上的溫度和重量。我費了一點力氣穿過了走廊，抱著她走上樓梯，踣踉地走進了看起來像是臥房的地方。

「這是我的房間。嗨，房間你好……」她模糊地說。「天啊……你進來我房間了。」

「嗯，我把你放上床讓你好好睡覺。」我很緊張，不知道她會不會誤會我有別的意思或是不良企圖。

「哦……哦……謝謝你，你眞親切。」她抬起雙手摟著我的脖子，把頭放在我的肩膀上，凌亂的黑頭髮蓋在我的脖子和胸口，像是某種不祥的植物根附著在我的身上。

「嗯，不客氣。」我說。

她房間陳設非常的特別，有一張大床、床頭櫃。還有一個華麗的水晶吊燈，只是吊燈實在太巨大，而且懸吊的高度實在太低了，我們必須繞過它才能走到床邊。我把她放上床幫她蓋上被子後，鬆了一口氣，我站在床邊仔細看了一下這個房間，由於水晶吊燈就垂掛在我們身邊，所有光線照在地板反射上來，因此整個房間顯得下亮上暗，影子都在自己的上方，所有的東西看起來都是模模糊糊的。加上吊燈不知道爲什麼一直在緩緩地在搖擺旋轉著，房間中所有的光和影也都在慢慢的移動著，時間在流逝，空間在移動，整個氣氛有點詭異。地上有塊圓形的波斯地毯，上面有幾本書散放著，還有一個鮮紅色的熔岩燈，裡面的蠟塊像是高級外星生物般無止盡地漂浮著。

我坐在床邊看著她的顫動的睫毛，想像她明亮的黑眼珠。她的眼皮顫動著，眼球在快速地轉動，應該是在做著某種夢、接受某種訊號、或者正在和自己的潛意識溝通，她的胸口緩緩地起伏著，整個身體曲線在薄被中透了出來，有種詭異的性感。我看了一會兒正想離開時，她忽然睜開眼睛看著我，拉著我的手說：

「你……不要……離開我。」

我看著她無辜的黑眼睛，裡面沒有一絲的其他雜色，像是個深不見底的湖，像是一面反映我的心情的鏡子，我在她眼裡清楚地看到我自己帶著猶豫的眼神。許多人在帶著醉意的時候會喜歡依靠著別人，希望獲得一些穩定或可以依賴的東西，但她現在這個時候的看起來一點都不像，她看起來就是她想要我，她希望我留下待在她身旁，我的身體每一部分都可以清楚地感受到她的渴望。我覺得我是被蛇盯住的老鼠，喪失了逃生的意志。

我深吸了一口氣，想要讓自己冷靜下來，但結果卻聞到了空氣中更多濃郁而氤氳的氣味。她唇邊似笑非笑的表情，像是個挑戰、也像是個謎團等待著我。「船已經進入大氣層，一切都已經來不及了，艦長。」我告訴自己。我低下頭，距離他愈來愈靠近，她抬起下巴，瞇著眼睛等待著我。我不自覺地吻了她柔軟的嘴唇，迎向她的挑戰，沾染了她的味道、進入她的世界。我覺得我就像隻迎向火炬的飛蛾，已經走上了無法回頭的道路。

她的身體、房間、和 Graciano 所交織的氣味讓我腦中出現了一段在海邊拉著大提琴的記憶片段。那應該是一個夏末秋初的午後，溫暖帶鹹味的風吹拂著，海潮拍打著岸邊，礁石上有三個像機械爪子的鑄鐵雕像彼此在對話著[23]，不遠的地方還有個漂亮的小島。男人大提琴拉的應該是 BWV1007 還是 BWV1008 的阿勒曼德舞曲（Allemande）吧，我不知道，反正那幾種舞曲的曲式聽起來都有點像。

而這些是在我還能保持最後一絲理性時所知道的事情。

我不記得我們兩人身上的衣服是怎麼消失的，這可能是女子網球選手爲什麼可以在裙子裡面放得下一顆網球之外的另一個謎。我只記得我摟著她的腰，沿著她耳後、脖子、腋下、乳房、肚臍一路向下吻著，貪婪地嗅著她身上各部位發出不同的味道。我覺得我快要爆炸了，我爬起來按著她的雙肩，再次把她按倒在床上。她皺了一下眉頭，又露出了那個似笑非笑的表情，她瞇著眼睛摟著我的脖子，把舌頭伸到我的嘴裡，在裡面恣意地探索著，一瞬間我覺得全身內外所有的毛孔都被她深度地撫摸著，非常的暢快。然後在很短暫的時間裡，我覺得像是被什麼包圍著，溫暖而舒適，我感覺到了一個黑暗而空曠的地方，身旁閃現了在外太空近距離看著紅矮星的景色。由於那個景象實在太眞實了，我覺得我的身體抽蓄了一下，接著我頸後一暖、腰部一酸、身體一緊、下腹一麻，雙腳一軟，我忍不住像決堤般抽蓄地射精了。她感受到了我的元神渙散，雙手雙腳像蜘蛛一般緊緊地抓住我的背，她的舌頭更深入的纏住我的舌頭，雙手把我緊抱著貼在她身上，像是鐵箍般讓我無法動彈，一時之間我們兩個人就保持完全貼合的方式靜止著。

時間不知道消失到哪裡去了，只有口中還留著像是在吃完禾蟲之後一樣的柔滑觸感。

「嗯，我太舒服了，對不起……」我在她耳邊說。我知道如果是個紳士，這個時候就應該爲自己的表現不佳而道歉。

她搖搖頭表示沒關係，然後看著我的眼睛，周圍的光影還是在移動著。我緩緩地離開她的身體，她皺了一下眉，像是感受到了我的離去。我側躺在她身旁，拉上了被子蓋在我們兩人身上。

「現在我知道了。」她緩緩地說。

「知道什麼?」我說。

「所有的事情。」

「什麼事情?」

「你不用擔心的事情。」她說。

「不用擔心的事情？」

「就是你不會寫完你的小說的事情。」她的黑眼睛閃爍著如漆的光芒。

「不，我已經決定了，我會寫下去的。」我像是在抗議一樣，用聲明似的語調說。「出版社的編輯們看完我寫一半的《迪德羅斯》……呃……《迪德羅斯的微笑》，她們非常欣賞裡面的內容，前天給了我一份出版合約，準備在我把這本書寫完時出版。我今天來只是因爲在猶豫要不要修改我腦中的構想，然後重寫一部分而已。」

「然後呢？」

「所以我打算搬到南方的海邊去住一陣子，直到把迪德羅……這本小說寫完爲止。」我說。「我連房子都已經找好了。」

「不，你不會寫的，這是錯的。」她看著天花板上移動的影子說。「你這些話只是說給別人聽的。」

「錯的？我不懂，你怎麼判斷對和錯？」

「你既不會簽約，你也不會寫完。還有，你不會搬去南方，這些都不是你的選項……」然後她說了我的名字。

「你……怎麼會知道我的名字。」我詫異的說。

「呵呵，我不但知道你的名字，我還知道你前一陣子爲什麼去學葡萄酒，你家中長輩的事情，還有你不會完成你那本你自己都覺得無聊的小說。事實上，今天根本不是你的作品叫什麼名字或是故事內容是什麼的問題。**你很快就會離開這裡到一個遙遠的地方、去見一個人、去找一個東西、去喝一瓶酒、去聽一些聲音。**還有，**這不是你可以選擇的事情，而是你應該要完成的事情**。這些甚至是在你這一次出生之前就已經決定好的事情，你懂嗎？」然後她說了我的全名，我的所有的名字和姓，一個字不差。

「這一次出生？」我說。「你到底是誰？」

「我是誰不重要，我只是……一個占卜師，而且其實……總而言之，我會幫助你到那個地方去的。」她低頭露出一個像是羞赧的柔和表情。

「那個地方！」我說。「哪裡是什麼樣的地方呢？」

「我也不清楚。」她看了右上角天花板的角落一眼然後說。「我只知道**那是一個……左邊就是右邊、上面就是下面，是生是死都不重要，只有聲音會留下來的地方**。」

「我不相信，你是和我的朋友串通一起來耍我的吧？」我說。「是德瑞克？還是菲利普？還是他們兩個聯合一起的？」

「你真的這樣覺得嗎？」她用她的黑眼珠看著我。「你今天要來找我算塔羅牌這件事有其他任何人知道嗎？」

「……還是你只是一個幻覺、或潛意識、或是……那些記憶片段，你並不存在，這些都是我小學發燒或是去年腦震盪產生的後遺症。」我有點心虛地說。「你代表著不希望寫小說的我、代表著希望去事務所當結構工程師的我、代表著被骷髏上面青蛙詛咒的我。占卜、塔羅牌、氣味、Graciano、這個房間、還有……做愛，都只是我的想像，用來說服我放棄寫小說的一個過程。」

「你……眞的這樣覺得嗎？」她說。

「眞的……不然怎麼會這麼美妙而方便，剛好可以遇到一個這麼美麗迷人的占卜師呢。」我點點頭，拿起床頭的酒杯喝了一口，Graciano 醒酒之後味道變得非常棒，在濃郁均衡的果味中帶有無以名之的動物野味。奇怪，我的酒杯應該是放在樓下咖啡廳桌上才對啊，爲什麼會在床頭呢。

「這也算是一種誇獎女性的方式吧。」她笑了起來，露出那個似笑非笑的表情。

「好吧，或許……你是眞實的。」我摸了一下她肩膀的肌膚笑著說。「……但……我不知道這一切是怎麼回事。」

「你或許會不喜歡你的安排。」她又叫了一次我的名字。「但是，這將是你的這一生中所做的最偉大而且最有意義的事情了，這是你的 Maktube，只是你自己不知道罷了。」

「Maktube？」我忘了在哪裡聽過這個字。

「冥冥之中自有一股力量，**會讓你按照自己的意志去做出其實已經早就安排好的事情**。」她說。「**你覺得這是你的選擇，但其實完全不是如此**。但你只要遵循你的 Maktube，所有的宇宙意志都會幫助你去完成的。」

「這是什麼意思我不懂，但很多事確實都是我自己選擇的，從來沒有人替我決定啊。」我又用了那個在抗議的語調說。「反正我會寫完這本小說，合約文件在我的電腦裡，明天我就會和出版社簽約，我有自由意志，**這件事完全可以自己決定**。」

「眞的嗎？」她看著我的眼睛，露出那個冷眼看俗世的表情。

「當然。」不知道爲什麼我開始覺得有點不確定了。

「好吧，我知道了。」她說，然後用了不知道什麼方式，把房間的吊燈關了起來。「那我們睡吧。」

「嗯。」在我躺下的時候，我覺得她已經沉沉睡去。

天亮之前，她把我搖醒，又問了一次我的生辰，然後用塔羅牌在桌上擺了一個複雜的陣型。牌翻出來，從她的方向看來三張是打開的牌分別是魔術師、女祭司、倒吊人。她若有所思，卻什麼都沒說，只是告訴我，以後有機會再來找她算一次吧。我覺得她在巨大吊燈的光影下中看起來分外性感，像是黑暗的一部分似的，於是我靠了過去，想要再和她溫存一下，但卻被她冷冷地回絕了。

「快要天亮，你該走了。」占卜師面無表情地說。「還有，你需要的是睜開你的眼睛，打開你的耳朵，放開你的心胸去感受聲音、味道、與這個世界，而這些正都不是你所認爲的需要改變的東西。」

「那正確呢？你昨天說的正確呢？」我試著這樣問。

「**根本沒有所謂正確這種東西，只有觀點的不同而已**。左與右、光和暗、輕和重、上與下、冷和熱都只是一種相互而模稜的概念啊，巴門尼德（Parmenides of Elea）很久以前就說過了。」她說。

「只有不同，沒有正確……」我把這句話在我的口中咀嚼了一下。

「你將得到一筆財富，無可取代的財富，但你將不會變得富有。不，應該這麼說，這不會是金錢上的富有，你將會用一種你認爲對的方式使用這些財富。」占卜師面無表情地說。「還有，就像我剛才說的，你將出發去一個地方，一個遙遠的地方。回來之後……不管你回不回來，你認爲的改變或是選擇，到時候都會變得不太重要了。」

「那我的小說呢？」我不死心又再問了她一次。

「你不會在意你的小說的。」她說。「就像斑馬不知道南極大陸，夏蟬不擔心冬天，奧地利不關心火星計畫一樣。」

「所以這是你占卜所算的結果嗎？」我看了桌上複雜的塔羅牌陣型。

「這不是在算你，**你的事情已經決定了**。我是在算我自己。」她一瞬間又露出那個害羞的神情，但立刻又恢復了冷艷的神情說。「天快亮了，你該走了。」

由於不知道該不該再多給她一些占卜與咖啡的費用，只好在穿衣服的時候，趁機把我的聯絡方式和錢放在她的床頭，然後扣上釦子走出她的房間。雖然整個過程有點狼狽，但總算表現得還像個紳士。

離開她那裡之後，我還是一直可以聞得到她身上的那種濃厚動物性然後帶有甜香料（sweet spice）的體味，那是一種不令人討厭但很有存在感的氣味，像是蒸龍蝦、白松露、生豬肝或是某種旨味（Umami）。我嘗試找出我的身體、雙手、頭髮、鼻孔、還是衣服哪裡有味道，卻怎樣也找不到，但還好其他人似乎也聞不到。這種神經質似的幻之氣味就像幽靈一樣在我的身上附著了好幾天，直到某天早上忽然消失爲止。

註

23 很久之後，我才知道這是巴斯克藝術家 Eduardo Chillida 的作品 "the comb of the wind"。

Storm
Friday

皇帝的晚宴 Pétrus（1945-1947）

「我不懂，這個男人有什麼了不起？」她一面開車一面問我。

「這個男人沒什麼了不起，是他的收藏了不起。」

「那你爲什麼要愼重其事的樣子呢？」她看著我脖子上的義大利眞絲領結，露出狐疑的眼神。

「這個男人年輕時繼承了一大批他英國叔父神秘的葡萄酒收藏，據說他透過拍賣公司賣了十分之一左右，得了一大筆錢，付完各種稅費與運費，還買了現在的這個房子，然後再用氣墊無振動的恆溫運輸方式把所有的酒全部運過來。現在這些酒全部都放在他房子的地下酒窖裡面。」我換擋超過前面的一台黑色的卡車，然後接著說。「由於拍賣的時候他部分收藏內容曝光的關係，他的收藏震驚了全世界葡萄酒界，他也一舉成爲世界最重要的葡萄酒收藏家。」

「那他有多少收藏呢？」

「他自己的加上他繼承的……大概三到五萬瓶左右吧。」我說。「《Decanter》雜誌上寫的。」

「三到五萬瓶，這樣算是很了不起嗎？我不懂？」

「關鍵在於收藏品的內容不一樣。他的收藏裡面有一部分是全世界爲數不多、碩果僅存的珍釀，甚至是根瘤蚜蟲之前才有的佳釀。例如：奧匈帝國時期的托卡依、名爲「印度歸來」的一八一〇年馬德拉酒、俄羅斯沙皇時代馬桑德拉酒莊(Massandra Winery)的雪莉酒、美國總統湯瑪士·傑弗遜故居地窖密室裡的珍藏、澳洲的第一批囚犯葡萄酒、世界最老的老藤——「諸神的葡萄藤」所釀的酒[24]、幾個已經消失的酒莊的酒、馬爾貝克之王釀的百年孤寂、還有一八九二年荷瑞斯的那批雪莉酒、希特勒在柏林郊外的秘密酒窖、U-Boat 裡面撈上來的香檳。看過他十分之一收藏的佳士得的專家說，這些保存良好的傳奇葡萄酒中，有許多都是全世界絕無僅有的無價之寶，英國政府聞訊還會一度派出MI5試圖阻撓這批『文物』被運出國呢。」我在講『文物』的時候，還特別用兩手的食指與中指做了一個括弧的手勢。

「那聽起來真的是很了不起。」她遲疑了一下後補上一句說。「雖然我不是很懂。」

「是的，所以我們現在要去見這個人。」我說。「**綽號叫做皇帝的男人**。」

皇帝每年春天都會邀請一些他不認識的愛酒人士參加他的飲酒聚會，而且喝的都是他的珍藏佳釀，規則很簡單，參加的人只要自己帶杯子就可以了。而被他邀請參加這個活動的人就會像是中了全球葡萄酒圈的樂透一樣，只要能被他邀請的人都會覺得非常榮幸，我聽過有人特意把自己結婚的日期延期或是特別從地球的另一端飛過來的事情，甚至有人會在他的名片中加一行「某年某月曾被皇帝邀宴」，像是參加這個晚宴是個榮譽頭銜一樣。曾有電視評論員說，參加過「皇帝的晚宴」就像是贏得了奧運金牌一樣的光榮。而且只要皇帝喜歡你，他就可能會繼續邀請你參加他更稀有的珍藏的飲酒聚會，甚至成為他的固定酒友。

我不知道我為什麼會被皇帝邀請，雖然我覺得我是個愛酒的酒鬼，但我沒什麼頭銜，也不是釀酒師，我只寫過幾本葡萄酒相關的散文而已，也不算是知名作家。但我的某個酒友知道我今天被邀宴了之後就酸酸的對我說，從去年的經驗看來，這將是一個皇帝大宴群臣，眾星拱月型的活動。「但這是一個去見覲見皇帝的機會，大家都非常的慎重，你得在皇帝面前好好表現哦。」朋友說完之後把他手上的酒一口喝掉。

我們的車在一個像是監獄或是軍營的雙重鐵門前停了下來。這個大宅戒備森嚴，周圍全部用雙重鐵絲網的圍牆圍了起來，上面還有成圈的倒鉤鐵絲。看起來像是武裝衛兵的保全人員全副武裝的迎了出來，用探照燈一一查驗了我們的身份、車輛安全後才把地上的雞爪釘收起來讓我們的車進去。我們在一棟不起眼像教堂的尖頂建築旁的空地把車停好，這個空地已經停了好幾台車，看起來都是來參加晚宴的。我數了一下，連我們的車在內，總共有八輛車，但看起來都很豪華，日系的、美系的、德系的都有，每台車中都一個司機在車中等候車。

「那……請你等我吧，有可能會……有點久，但如果不太有意思，我會想辦法盡早離開的。」我說。但我心中知道不太可能。

「能有一個這樣的機會並不容易。你慢慢來，我等你。」她說。我聽了很感動的親了她一下，**我忽然覺得我想娶她作老婆**。

接著我從手套箱中拿出三個用牛皮紙包好的波爾多杯，把三個杯子的杯柱呈類似米字型的交叉握在左手掌心中，帥氣地推開大門走了進去。

裡面是一個簡單的長方形的大廳，有著挑高的屋頂，上面垂吊下來幾個簡單的吊燈。四周牆上都是木雕飾紋，中間擺著一張可以坐著十二人左右的木頭長桌，但是只有十一張椅子，兩面各有五張，主位上有一張，椅子看來也是很好的木頭製成，整體看起來非常的嚴實厚重。

旁邊的牆上有一幅以「最後的晚餐」爲主題的壁畫。這張畫明顯是模仿達芬奇的原創，也是耶穌坐在正中間，十二位門徒分坐在兩旁的構圖，畫幅尺寸也差不多大小。大部分的人物也是長髮白鬍子在討論事情的樣子。只是桌上的餐食比較現代，喝葡萄酒也是用高腳杯來喝。畫風頗爲現代，看起來像是一幅名家作品。

一位管家把我的外套掛好，然後引導我按照桌上放著我的金屬名牌的位子入座。每一個人的桌上都有白色的餐墊、一瓶廣口瓶的水、一個水杯、與摺成皇冠型的白色餐巾，中間則有一些共用的芝士與切好的麵包。

我看了一下今天赴宴的客人，只有一位綽號叫「男爵」的光頭男人是我認識的，我和他喝過幾次酒。其他的賓客有幾個在雜誌上見過，但大部分我都是第一次見到本人。「男爵」也是一位私人葡萄酒收藏家，個性爽直，但有時候有點粗魯。雖然他有大量的收藏，但是他的收藏都是在倫敦國際酒類交易所（Liv-ex）裡面會出現的「珍釀名酒」（fine wine）而已，投資意味遠比收藏意味大。他充其量只能算是個富豪而已，因此地位與名聲就遠不及「皇帝」了。

「今天我們要喝的是 Pétrus 的垂直品鑒，年份是從一九四五年到一九四七年之間，一共三個年份。」侍酒師說。「請把你們的杯子拿出來，放在桌上。」

我聽完就把我帶的三個杯子上面的包裝拆掉，把杯子放在我的面前，然後把牛皮紙折好放到西裝內側的口袋裡。我聽到隔壁的男人咕噥的不知道說了什麼，像是在抱怨，但還是從他身旁一個像是四根粗短水管連在一起的絨布皮的袋子中拿出四個紅柄的杯子放在桌上。那四個杯子的高度很高，大概有三十公分左右，底部的基座也不小，像是多了幾朵向日葵立在桌上，看起來應該是某大師的手工杯吧？這四個杯子放在桌上氣勢凌人，引起了其他人的議論紛紛。

而坐在我對面是一對夫妻，女的站了起來，走到她身後的地上把一個鋁製的大型行李箱打開，然後把裡面的杯子一個一個的拿出來，然後像是把聖杯放到祭壇上一樣，珍而重之的放下，整整齊齊地放了八個在桌上。一時間桌上多了許多各種形狀不一的杯子，每一個都是晶亮閃爍，非常的耀眼，讓人看得眼花繚亂。

侍酒師是一個瘦高個子的有點年紀的男人，有對細長的茶色眼睛，留著整齊的鬍子，身上穿著白色襯衫與黑色的背心，樣子看起來像是個歐洲人。他的脖子上掛了一條金屬鏈子，鏈子掛著的東西放在背心口袋裡面，從鼓起的程度看起來我猜是一個小型試酒碟。如果我沒記錯的話，這個男人應該是某一屆世界侍酒師比賽的冠軍，我記得我在網絡上看過他的一些報導。他的表情嚴肅而有自信，語氣沉穩莊重而可靠，看起來就是在說把這樣重要的酒會交給他是個正確的選擇的感覺。

侍酒師旁邊有一台小型推車，上面整整齊齊地三瓶酒。皇帝這時候開始介紹，這三瓶都是一九四五年、一九四六年、一九四七年三個年份的酒的混釀，是皇帝的英國叔父在一九八二年換塞的時候從四十瓶這三個年份的酒按照某種配比重新混合的。皇叔是在一本古書上找到的秘密配方，據說這樣不同年份老酒的混合再陳年後會有無比的魔力，但可惜他自己應該是喝不到了。皇帝又說明，其實這些上個世紀四十年代的酒都號稱全世界只剩下不到幾瓶，光出現在拍賣場都很不容易，而當時會拿這樣的酒來混調更是絕無僅有的任性做法。

侍酒師對我們做了一個微笑，請我們站起來到酒旁邊去看這幾瓶酒，我用像是登上聖壇般虔誠的神情，緩緩地繞著這幾瓶酒走了一圈，侍酒師拿著小型的手電筒照著酒瓶內外，確保我們每個人都能看清楚酒液的高度，還有酒標上的圓弧形的紅色文字、蠟印、拿著鑰匙的聖彼得（St. Peter）頭像、還有皇叔在背標上手寫的混調年份和瓶數。我想拿手機拍張自拍紀念照，但現場有一種不容許攝影的氣氛，我只好放棄這個愚蠢的念頭。

「我想在場的所有人都應該已經知道的，Pétrus 的拉丁文與法文就是指聖彼得，在 Pétrus 酒莊裡面也有一尊古老的聖彼得石雕像。另外，倫敦聖詹姆士街（St. James Street）有一間餐廳就叫做 Pétrus，是一代名廚——暴躁的戈登・拉姆齊

（Gordon Ramsay）所開設的，那裡曾經有幾個英國金融界的人士在這裡創下人均用餐最高金氏世界紀錄。當然，能創造這個記錄的最主要原因也是因爲裡面包含了三瓶 Pétrus 的關係。」侍酒師對我們做了一個簡單的介紹，說了一些大家都知道的事情。「我們今天要喝的是三瓶非常老年份的 Pétrus 混合年份，就我所知，這是全世界的最後三瓶。」

然後侍酒師從他的口袋拿出來他俗稱侍者之友（Waiter's friend）的 Laguiole 侍酒刀（Sommelier knife），俐落地除去上面的封口，在用餐巾擦拭了一下瓶口，然後他閉上眼睛，像是在集中精神一樣，深深吸了一口氣。接著他撐開他侍酒刀上的鑽尖，緩緩地鑽入，然後他用了一種極爲輕柔的手法，像是倫敦薩維爾街（Savile Row）裡的老師傅在縫製西裝的細緻手勢，把瓶塞一點點的旋開來。他在開酒的時候，有一點射燈打在上面，全場幾乎沒有任何聲音，我只聽到我身旁邊的人爲了屏住呼吸，發出像是喘息般的聲音。

非常奇跡的，這稱之爲奇跡並不爲過。侍酒師在不用俗稱管家之友（Butler's friend）老酒開瓶器的情形下把瓶塞完美的拉了起來。從酒塞看來，這是一瓶沒有換過塞的酒。他聞了瓶塞一下，然後瞇了右眼，做了一個左邊嘴角上揚兩公分左右的微笑，然後像是奧運選手站在冠軍領獎台上看著遠方國旗的表情看著遠方，顯然他很高興能在衆目睽睽之下完成這個非常艱難的任務。我們所有人都知道這個有多麼地困難，不知道是誰開始的，大廳響起了一陣掌聲，皇帝看起來也很滿意的微笑拍著手。

接著他把瓶塞放到一個小型的白色骨瓷盤上，拿著繞場一圈。我拿起來仔細的看了一下，然後也放在鼻尖聞了一下，這確實是保存很好的老酒，瓶塞也是。

接著侍酒師在桌上點了一根蠟燭，開始做濾渣的動作。他把瓶身慢慢傾斜，手非常的穩，徐徐地倒酒，把酒渣留在瓶子裡，他倒了一點酒液倒在一個很小型的分酒壺中。他自己聞了一下酒的味道後，用分酒壺給自己在試酒碟上倒了一小點，喝了一口，閉上眼睛露出一個十分陶醉的表情，然後笑了笑，點了點頭沒說什麼。

好的侍酒師這時候是不會多說什麼的。

接著他讓皇帝在桌上的燭光下看了已經鈍化如磚紅與土色酒液的顏色，然後幫皇帝倒了一小口，也讓皇帝先試一下酒。皇帝拿起來搖了一下杯子，也喝了一口，露出了一個微笑。

「你覺得呢？」皇帝愼重的說。

「保存狀態很好，非常的完美，閣下。」侍酒師謙虛的小聲說。周圍引起了一陣喧嘩，我看了這個像是表演的儀式，感覺口渴異常，心中有點激動，我想在座的所有人也都是如此吧。

皇帝做了一個「請」的手勢，侍酒師就幫我們每個人都倒上一點，也讓我們每個人先嘗一下味道。從倒酒除渣的穩定度就可以知道這位侍酒師的功力，而且根據我的觀察，他不管杯子的形狀與大小，一律只倒上大概二十五毫升左右的量，這是很不容易的事情。接著皇帝說了一些藝術與美酒的事情，大意是說，謝謝各位光臨，他是位梵谷迷，但今天喝的酒可能比梵谷的畫還稀少罕見，美酒和名畫的鑒賞方式從來都不一樣。**名畫可以放在博物館，但美酒最好也是唯一的鑒賞方式就是把它喝掉**，所以請各位盡情享用之類的話，然後就和我們大家就搖搖杯，舉杯一起喝了一小口。

喝完之後，侍酒師重複了剛才一樣的開酒手法，把其他兩瓶也打開來，和第一瓶一樣，濾渣後醒酒。接著侍酒師只是靜靜地站在酒旁邊，沒有繼續做任何動作。現場陷入一片沉默，沒有人說話。

「現在我們要做什麼事情呢？」那個叫男爵的男人打破沉默開口問。

「現在我們需要的就是等待了。」侍酒師說。「**時間是解決這件事的唯一方法**。」

「醒酒嗎？」男爵問了個理所當然的問題。

「是的。」侍酒師帶著點哲理似回答說。「正如大家都知道的，老酒最好的狀況只能維持十到十五分鐘，像這樣珍貴的老酒，它可能只能維持五分鐘左右。錯過了這五分鐘的最佳品酒時機，這瓶老酒就浪費了。」

接著侍酒師就停止說話，看了看手上的手錶。所有人都屏息以待，安靜地等著侍酒師的下一步的動作，而男爵把雙手環在胸前，壓抑住自己和大家一起耐心等待。畢竟這是珍貴老酒的垂直品飲，而且是Pétrus老酒，這個世界上並沒有幾個人能有這樣的經驗。在等待醒酒的時間裡面，我忽然想起我看過一部科幻片，是關於看完一場電影後，世界已經滅亡的故事。

我可以想像我今天會遇到什麼樣的滋味，我也十分了解我今天應該期待的是什麼，如果今天會遇到任何不可知的情況，我覺得我一點也不會驚訝。

畢竟我為了這一天，做了萬全的準備。

首先我訂了一個跑步健身的計劃，每天跑五到二十公里。我希望把我的身體狀況調整到最好，因為我相信好的身體與體能是享受生活的根基，沒有好的身體就無法好好的享受美酒。剛開始很辛苦，我必須在每天清晨爬起來，沿著河岸像馬一樣的奔跑，不斷的把自己身體裡面的水分榨出來，再補充新的水分進去，開始的時候晚上回家之後都會渾身酸痛，尤其是雙腳更是酸到抬不起來的地步。但兩週之後，我的身體就開始適應這樣的運動強度，腳也不累了，氣也不喘了，而我的味覺對單寧開始敏感了起來，我可以明顯地感受到單寧的強弱、粗細、軟硬、形狀、粘度、大小、顆粒或粉末狀、是否被時間打磨，我甚至可以清楚地分辨出單寧來自於葡萄皮、葡萄籽、葡萄梗、還是橡木桶。這讓我欣喜異常，每天也更加努力的鍛鍊身體。

接著我開始加入冥想。那是由一位印度與美國混血的大師教授的課程，我從中獲益良多。在不斷聆聽我內心的聲音之後，我開始對平衡感、集中度、酒體、飽滿度、甜味與酒精度敏感，我可以判斷我口中的酒是從冷或是熱的產區來的，收穫那一年的氣候如何，日夜溫差如何，陽光是否充分，雨量多寡，秋天是否足夠溫暖，排水與坡度如何。是否遭受了鳥害、蟲害、霜害、冰雹的侵害。冥想除了更了解我自己之外，我也能更冷靜而簡單的看透任何酒的本質，也讓我能將許多氣候、大地等要素與葡萄味道連接起來。之後為了提升效果，我還特別帶了女朋友到了波美侯去了一趟，我一個人坐在Pétrus的葡萄田旁邊冥想了三天兩夜。

然後禁慾。我搬離我和女友一起住的房間，一個人搬到書房去睡。女友對這件事非常不以為然，她一直問我是不是變心了，是不是有別的女人了，但在我的耐心說明之下，她終於了解了我這樣做的原因。她表示如果只是一段時間她是可以接受的，但我在之後必須好好地補償她才可以。但畢竟和女朋友住一起，溫香軟玉就在身旁，而且女友習慣會在洗澡后穿著性感的運動服在客廳地板做瑜伽，所以剛開始時我每天都非常的痛苦，飽受煎熬而晚上難以成眠。我知道這是人生大欲，終究是不容易通過的考驗。無奈之下我只好搬到鄉下的老房子裡去住了一陣子，才勉強達成了這個禁慾的目標。禁慾這段期間，葡萄酒中的酸度與複雜度對我而言變得清楚異常，我對任何人工操作的痕跡都非常的敏感，從發酵時間與溫度，ＭＬＦ的時間，天然或人工商業酵母，自流與榨汁的區別，人工採摘或是機器採摘，去梗機的品牌，橡木桶的種類與新舊，全部可以說像是可以看到一樣，歷歷在目。

之後，我開始每週進教堂祈禱，我希望上帝能給我更多的智慧。可能是我的祈禱起了作用，我開始對時間與生命敏感，日月星辰、宇宙洪荒、土壤與酵母，我不用查生物動力時間表我就可以知道現在是土日、花日、果日、還是根日。我覺得我自己就是一部生物動力日曆，我知道我在宇宙之中的位置，我被宇宙的時間流所影響著。

一直到宴會的前一個月，我確定我的身、心、靈都已經完好了。我開始鋪墊式飲酒，從左右岸的小產區開始喝，接著是中級酒莊、左右岸列級酒莊，一級一級地慢慢向上，一路喝到五大堡為止。Pétrus 像是皇冠上的鑽石一樣，我知道必須保有層次感，先有黃金、做成皇冠、再用輔鑽裝飾，再來才是鑲入熠熠生輝的主鑽。我相信，只有這樣，才能做出完美穩定的金字塔結構，讓我自己能夠完整而穩固地承受這個偉大的觀感與味道。

終於到最後兩周了，我買了一個軍用高等級的防毒面罩，到任何場合都戴著它，連睡覺的時候都不拿下來，我知道我拿下來就會被世間各種味道所干擾。現在，我不希望任何的霧霾、煙塵、細菌、與病毒侵擾我。倒數七天，我乾脆透過關係租了一個沒有燈光的無菌室，把自己關在裡面冥想，每天只喝一點清水，把自己與周遭隔離起來。中國古代有一種做法叫做「辟穀」，有一種境界叫做「天人合一」。我覺得我現在就是如此，即使是在沒有光線與對外窗戶的無菌室中，我可以清楚感受到宇宙的意志與氣在流動著，世界萬物都在宇宙中，萬物彼此影響，整個地球就像是個蓋亞有機體一樣，優雅、關聯而生動。

過了五分鐘左右吧，侍酒師把三瓶酒各倒一杯酒在他的面前，然後大概每三、五分鐘就試一口，吐掉，喝水漱口，再看手錶一眼，重複了幾次這樣的流程。所有人都有點緊張地看著他，我覺得我的喉嚨乾渴異常，不禁拿起桌上的水喝了好幾次。在等待的過程中，皇帝也只是微笑著一起等待，沒有說什麼。終於侍酒師在四次試酒時停了下來，對皇帝點了點頭。於是皇帝做了一個請的手勢，讓侍酒師爲我們倒酒。侍酒師還是很厲害，他迅速地把三瓶酒平均分給我們十個賓客，大概每個人可以分到二一〇cc，也就是一杯大概是七十cc上下，不知道爲什麼，皇帝自己只是淺嚐一點而已，可能是他都喝過了吧。

皇帝舉起酒杯說：「接下來的十分鐘，將是這批酒的最佳狀態，希望大家盡情品嚐，乾杯，乾杯！」

「乾杯！」大家舉杯異口同聲地說。

這個酒非常的不可思議，乍喝一口並不覺得，但喝了幾口細細品嚐之後就會發現，裡面有許多東西，越探索越多，簡直無窮無盡。那種「一切東西的總和」的感覺讓我想起啟示錄裡面的文字：「我就是阿爾法，我就是奧米加，我就是今在、昔在、與永在。」今天 Pétrus **酒液裡面的滋味是開始，也是結束。像是開始結束之間的萬事萬物，也是宇宙誕生到滅亡所有時間的總和。**

我想上帝這時候應該正在看著這場宴會吧，這個五分鐘左右的時間像是靜止了。喝著這個有著一切的酒，餐桌上所有的人彼此互相看著，都露出了不可置信的表情，彷彿在這幾分鐘裡，有一道光線從雲端中直射在會場，空氣中懸浮著爛漫花香，天使在天空環繞彈著豎琴與撒著花瓣，**上帝張開雙手在空中慈愛地看著我們**。我們全部人都籠罩在飽滿而強烈的幸福感之中，所有人都露出滿意的微笑和滿足的表情，有人還情不自禁地手舞足蹈了起來，像是吸食了迷幻藥一樣。

然後在老酒的力量消退之後，所有人忽然都像是沉溺在了強烈的意識流中，每個人都忍不住開始擁抱著身旁的對象，彼此相互交纏著，像野獸一樣激烈地舔舐與撕咬著，像是要吞噬與吃掉對方一樣，每個人都想成爲所有人。而我的感官被無限的放大，像是飛到了宇宙一樣。我的汗水，我的眼淚，我的口水、鼻涕、精液，我的內臟，我的感官，我的意識，我的一切一切都將擴散到宇宙的盡頭，和宇宙合而爲一。宇宙也毫不客氣地滲入我的身體裡面，讓我變成宇宙的一部分，同時也讓宇宙成爲我的一部分。我知道這是幻覺，一切都只是幻覺。這些意識、宇宙、皇帝、Petrus什麼的都是假的，但沒辦法，感官意識實在太強烈，我無法抵擋，只能隨著幻覺起舞，擺動著我的身體。

在我閉上眼睛還有一絲絲的清明意識之前，我看到皇帝慢慢的站了起來，坐到台上的一張椅子上面，像是很滿意的看著這場混亂的盛宴，侍酒師也走了過去，站在皇帝的身邊，露出了相同的微笑——不知道爲什麼那一瞬間，我覺得他們的臉看起來就像是對雙胞胎一樣。

*　*　*　*

我睜開眼睛，恢復了意識。我把靠在我身上看起來有點猶太血統的男人輕輕推開。發生太多事了，時間像是過去了一百年這麼久，皇帝與侍酒師不知道消失到哪裡去了，所有人像是集體喝下了某種安眠藥般，一個個趴在桌上睡著了。我在桌子旁邊找到我的外套，把外套穿上領子翻好，用手將應該十分凌亂的頭髮撥整齊，站起來後把的第一顆釦子扣好。我拿起桌上的上面寫著我的名字的贈品提袋，出門前停下腳步，回頭看了一下會場的杯盤狼藉，我閉上眼睛深吸了一口氣，等了幾秒鐘後再吐出來。

嗯，**宇宙星辰仍然在流動著，我在這裡，還在我應該在的位置上。**

*　*　*　*

女友坐在車裡，手托著下巴看著電子書在等我。我敲了敲車窗，她幫我開門，我坐了進去，把門關上。總覺得世界變得有點不一樣，女友也是。

「結束了嗎？」她問。

「是的。」我說。

「你的身上還有一點氣味。」她吸吸鼻子說。「像是在酒窖裡的味道。」

「哦，眞的嗎？」我聞了一下我左右手的袖子。

「你手上的是什麼？」她問。

「沒什麼，一個小禮物。一瓶新年份的 Pétrus。」我轉身順手把酒放到後座椅子上。「在看什麼書呢？」

「村上龍《音樂的海岸》，看過嗎？」

「沒有，只是聽說過。」

「今天的酒好喝嗎？」女朋友問我。

「非常的好。」我想我應該是露出了像是金凱瑞式的露齒笑吧。

「高興嗎？」

「有一點。」我把安全帶扣上。

「那我們走吧。」她說。

我點點頭。然後她豎直椅背，扣上安全帶，踩下油門，車子像是有點不情願的樣子，抖動了一下後緩慢地向前開去。

註

24 這株最老的葡萄藤位於斯洛文尼亞（Slovenia）馬里波爾市（Maribor），現在每年仍然可以收穫 35-55 公斤的葡萄。

百年孤寂 Cien años de soledad

我想起了我和姨父的一段對話，還有那天我們所喝的酒。我記得那是一個充滿陽光的日子。

「孩子，你喝葡萄酒嗎？我的意思是，你對葡萄酒有多少認識。」姨父坐在輪椅上，聲音聽起來有點虛弱。

「不常喝，我大部分都喝啤酒。」我說。

「那你對葡萄酒了解多少呢？」

「我只知道紅酒是紅葡萄做的，白酒是白葡萄做的程度[25]。」我誠實的說。

「那更不可能懂釀酒咯。」姨父沉吟了一會兒接著說，感覺他有點失望。「你在學校唸的是什麼科系。」

「我在薩拉曼卡大學（Universidad de Salamanca）唸建築結構設計。」

「薩拉曼卡，薩拉曼卡大學。呵呵，那你找到你的青蛙了嗎？」

「我的青蛙？噢，你是說那個小遊戲[26]嗎？當然，我找了很久，青蛙就在骷髗頭上。」

「**死亡與慾望並存**，哈哈哈，很好的隱喻，非常好的開始。」說完之後，姨父對身旁比了一個手勢。有一個管家從不知道從哪個地方飄了出來，倒了一杯酒給他，他喝了一口後點了點頭，說了一句不知道是哪一國的語言。管家點了點頭，也倒了一杯酒給我。

「孩子，你喝一下這杯酒，告訴我你的感想。」姨父說。

這杯酒看起來顏色很深，但邊緣呈現了一圈磚紅的顏色。我拿起來搖了搖杯子，有一些艷紅的顏色掛在杯壁緩緩地上下流動著，像是有生命一樣，看來有點詭異。我學姨父的動作，抓著杯腳搖晃兩下，然後喝了一口。

耳邊響起了一段旋律。

「怎麼樣。」姨父的眼睛像是映著生命之火的燭光一樣，幽幽地閃爍著。

「**像是要看開了些事情一樣。**」我說。不知道爲什麼，我說了我上週看電影之後的一個感覺。重病後的威廉．布萊克（William Blake）[27]在夕陽下看著美麗的河景，右手不知不覺地在面前輕輕的比劃著，像是要寫些什麼或畫些什麼似的。但可能是意念太多又太疲倦，於是他只好閉上眼睛，重複地哼著一段旋律，用聲音來表達所有的一切，像是他一生的總結。

「看開了?」姨父的英文一直都不夠好。

「就是放手了，讓它走了，就像是在聽一首歌。」說完我哼了一段威廉．布萊克那時候哼的旋律。「然後，天堂就在一朵野花中。」

「放手了，讓他走了。」姨父重複著我的話，或許是我的錯覺吧，這一瞬間，我覺得姨父像是在微笑著。那是一種非常奇妙的感覺。

姨母生前曾經悄悄的告訴我，姨父是一個有名的釀酒師，在南美洲是個很有名的人。我在維基百科上查過他的資料。姨父有一個綽號叫馬爾貝克之王（King of Malbec），他曾經釀出一些很了不起的酒，獲得許多獎項，在阿根廷，不，在整個拉丁語系的世界裡都有很高的地位。他尊重風土同時順勢而為的作法，對於後來南美的許多釀酒師產生了深遠的影響。

他是一個安靜較少說話的人，不但崇尚神秘主義，也是個不可知論者（an agnostic），據說沒有受過什麼正式的葡萄酒教育。他曾說過他年輕時在一個小村莊的酒莊中工作了幾年，他的釀酒技術與觀念都來自於那個小酒莊中的老釀酒師。「我只是遵照大師說的，聽著葡萄和土地的聲音，然後照著做而已。」姨父曾不止一次說過這句話。

維基百科最後還寫著，姨父他在人生高峰的時候退休，之後過著像謎一般的隱居生活，淡出葡萄酒的領域，目前下落不明，應該還是住在西班牙某地，但生死不詳。

「先生，先生，該起來了，快到了。」我聽見一個帶著輕柔渾濁南美口音的西班牙語，聞到一股騾身上的腥臭味。「你沒事吧？」

「嗯，沒事，我睡著了。」黃昏的陽光還是很耀眼，讓我一時睜不開眼睛。

「如果我們要到瓦尼塔斯（Vānitās），就必須剛好在天快黑的那一刻進到村子裡面，也就是俗稱的魔幻時刻（magic hour），不能早也不能晚。」騾車夫說。「所以我們必須趕快一點。先生您瞧，前面烏雲下的那塊就是瓦尼塔斯了。」

你必須去見一個叫依格納希歐的騾車夫，他將是你的引路人，他會帶到你到瓦尼塔斯去。記住，只有他才知道怎麼到你想要去的地方，找到你要找的人，任何其他人都不行。

「看起來那一塊天氣不太好哇。」我說，

「可不是嗎，先生。可能是靠山的緣故，每天黃昏的時候那裡都是一副烏雲密佈的樣子，但說來奇怪，只要不下雨，只要一到早上就又會恢復原來的樣子了。」騾車夫說完後發出了一個聲音，我知道那是叫騾子停的意思。

「怎麼了？」我說。

「在這裡，這個岔路口的這兩條路都通往瓦尼塔斯，您注意看了，先生。在這裡，**所謂的上坡路與下坡路其實是同一條路。**」騾車夫露出一個似笑非笑的神情。「**而左邊與右邊其實是同一邊。**」

「確實看起來很像。」我把我的手掌立在鼻子前面，左右眼看着不同邊的景色說。「連樹的形狀都像是照著鏡子長出來的。」

「**如果你從這一條過去，就要從另外一條回來。**」騾車夫的左半部的臉對我做了個扭曲的表情，左半邊則沒有動靜，像是只用了一半的靈魂在和我說話一樣。

「**絕對不可以走原來的路。**」

「爲什麼？」

「**因爲這是規定，我也沒辦法**。我也一直都是這樣做的。你想走那一條路？」

「那就這條吧。」我指了一條靠近山邊的路，心中閃過了一下《未選之路》（The road not taken）那首詩裡面描述的那種人生無法重來的惋惜，我記得《生命中不能承受之輕》裡面好像也有談到這樣的感覺。

一陣風嗚嗚吹過，像刀在刮著我的左耳。

「先生，你也是來學釀酒的嗎？」騾車夫問。

我輕輕地搖搖頭，但不知道他有沒有看到。騾車夫好像也不是很在乎地接著說：「很多年前，大概是在革命的前幾年吧，我曾帶一個年輕人去瓦尼塔斯找老釀酒師學釀葡萄酒。」

「嗯。」我說。

「那個年輕人後來離開瓦尼塔斯，到了其他地方去了。革命之後，他變得很有名，有名到硬幣上都有他的頭像的那種程度。」接著騾車夫說了姨父的名字。

「革命、革命啊……你知道這個人嗎？」

我又輕輕地搖了搖頭，我想我臉上表情應該沒有什麼變化。

一陣風呼呼吹過，像刀在刮著我的右耳。

姨父過世之後，他捐出了所有的財產，雖然那是一筆為數不大的財產，但卻在國際媒體引起了不小的轟動。喪禮那天，南美洲各國的使館都派人出席悼唁，讓原本的家庭式喪禮的場面變得像是某種國際會議的場合。有點令人不知所措。

姨父遺囑中特別留下了十五箱老酒給我，條件是我必須代替他在從現在開始算起的八個月之後的一年內，帶著其中一瓶特別的酒，到阿根廷的某個村落找一位老釀酒師，陪他聊聊天，與他共飲那瓶酒。雖然有點奇怪，但由於姨父姨母並沒有兒女，因此這個遺囑應該就是他的遺願了吧。

姨父的律師告訴我，這批老酒的價值不菲，他曾私下問過他的一個在倫敦拍賣行的朋友。他的朋友在問了相關的專家後向他表示，這不是價錢的問題，而是稀有性的問題，這樣夢幻又具有紀念意義的酒以後應該再也找不到了。

「……不要想太多，就當做是一個忽然出現的度假理由吧。」律師說完，拿了一份遺囑的副本給我。遺囑上面除了密密麻麻的用鋼筆寫的西班牙文，還附了一張手繪地圖，上面除了註明了要到哪裡去找某人帶路到某個地方去之類的事情，還說明了一些太陽與山脈方位的事情。

在我看來，與其說那是遺囑，不如說那是一張像藏寶圖似的東西。與其說是度假，不如說這是一場未知的旅程。

酒窖裡面有些陰涼的感覺，陳舊的酒桶散亂地放置著，這裡有一種特殊的味道，但我一時間想不起來是什麼。一位白色鬍子的老人戴著帽子坐在椅子上看著天花板，他的面前放著一個油燈與兩個杯子，油燈的光芒如絲，左右規律地搖晃著。

「你來了，孩子。」老釀酒師說。「我正在等你，等了很久了。」

「你……知道我會來？」我有點吃驚的說。

老釀酒師拿起桌上的酒杯，放在自己面前二十公分左右的地方，然後閉上眼睛，緩緩地搖動酒杯說：「你的姨父告訴我的啊，他說你這幾天會來，而且可能就是今天。」

「……雖然他的聲音很微弱，但慢慢地聽幾次也就懂了。」老釀酒師接著說。

「這是怎麼……」我說。

「在瓦尼塔斯。」老釀酒師吸了一口氣接著說。「只要能放開心胸而且靠得夠近，每個人都可以聽到不同的聲音啊。**聲音會找到想聽的人，想聽的人也可會找到聲音**……有時候會隨著蟲鳴、鳥叫、或是風吹過灌木的聲音一起出現，而且每一個人聽到的聲音是都不一樣的。」

「靠得夠近？我不懂你的意思。」

「你試試看。」老釀酒師緩緩地把他手上酒喝完，然後把酒杯遞給我。

我接過來耳朵放在杯口，但只是聽到一陣空氣或是電流的聲音，我覺得耳朵後的脖子上傳來一陣涼意。

「原來如此。」我說，雖然我什麼都沒有聽到，但我覺得或許老釀酒師說得是有點道理的。

「是誰帶你過來的？」老釀酒師問。

「一位老騾車夫。」我略微形容一下騾車夫的樣貌與他奇特的表情，不知道為什麼我覺得我像是在形容一個站田裡皺著眉頭的稻草人。

「是依格納希歐（Ignacio）嗎？我不知道這孩子還活著。」老釀酒師露出一個驚訝的表情。

「既然您說了，應該就是他了吧。」我點點頭說。

「可憐的孩子，他曾在戰爭中受過傷，臉上的表情一直沒有辦法控制得很好。」說完老釀酒師停下來彎著頭看著我，像是在等我表示什麼一樣。

「噢，對了，這是我姨父要我帶來的酒。」我珍而重之地從我的袋子中拿出我包好的酒。但老釀酒師並沒有接過去，只是把手放在包裝上面，像是在回憶什麼或溝通什麼似的閉上了眼睛。

「**這瓶酒累了**，我們**必須**讓它休息一下。」他說。

「累了？酒也會累嗎？」我一面忍住打哈欠一面說。

老釀酒師微笑了一下，顯然不打算理會我說什麼，站了起來，比了比手勢叫我和他一起向前走。「現在很晚了，你先去休息。這樣吧，先把酒放在酒窖裡，站立著放，先等等它，過兩天等它緩過來，我們再來喝這瓶酒。」

「好的。」我把酒放在桌上，拿起了我的行李，跟著老釀酒師緩慢的步伐向前。

「應該是過了很久了……」穿過黑暗而長的走廊時，老釀酒師自言自語地說。

「是指那瓶酒嗎？」我說

我雖然沒看到老釀酒師搖頭，但他手上的油燈光線晃了一下，四周瞬間變暗了一點。

「我已經等了很久，久到我都不記得我已經等了多久了。」

……孩子，第一次見到你的時候我就知道了，你就是有一天要代替我回去瓦尼塔斯的那個人。雖然你被許多事情束縛住了，你的言語還不夠好，而且你沒有釀過葡萄酒。但這都不是最重要的事情。你有很好的耳朵，可以聽見很多聲音，而且你還有很好的感受力，可以率直地把你聽到的東西表達出來，更重要的是你可以讓人感受到你的天命。在這個世界裡，這是一件難能可貴的特質。

瓦尼塔斯是一個神奇的地方，世界上再也找不到這樣的地方了。這裡是各種不同時空的交界處，時間在這樣的平衡之下，變得彷佛是靜止或是不存在的，因此生與死也可以是同一件事情。在那裡，如果你學會安靜與聆聽，你就可以解讀出事物的本質與萬物的真理。我的老師——老釀酒師是位十分有智慧的大師，他認為葡萄藤可以吸收宇宙萬物的聲音，我們可以透過釀酒的方式讓這些聲音呈現出來，而瓦尼塔斯正好是一個累積了許多聲音的地方。

大師堅信只有透過這種方式，我們才可以真正明瞭這個世界，而且才能接近不朽。我想，你喝了他的葡萄酒後你就應該會明白，那是一個包含了許多意念與聲音的酒，不但有著無邊無垠的深度內涵，同時又有無窮無盡的時間在裡面——那是個上帝有意讓它能被釀造出來的東西，讓人得以窺見這個世界的奧秘，進而心生敬畏。

我不會勸你一定非要走這麼一遭，我只會告訴你在去之前要做好完整的準備。如果可以，善用你的才華，用心去感受與聆聽吧。無論如何，我們只是一般人，無可避免地凡庸，而凡庸就必須要走漫長而無謂的路。但我知道你一定會去的，因為這是你的天命，也是一個遠久的承諾。整個宇宙，所有的人，相信包括你自己都知道，這是在你出生前就已經決定好的事情，一切的一切就像在告示牌上面寫的事情一樣清楚。

其實生死之間並不遙遠，死亡既不可怕也不令人沮喪。現在，在越靠近我最後的日子時我就越了解，雖然我不在瓦尼塔斯，但其實我從來都沒有離開過那個地方，它一直都在那裡等著我。

可能是海拔比較高的緣故，空氣非常涼爽，窗戶雖然關著，但是還是可以感覺到空氣的流動。房間裡的傢俱非常的簡單，一張椅子、修補過腳的茶几、一盞油燈、一台手風琴、木頭硬床、一張舊毯子、還有窗戶上掛著可能曾經是白色的紗網窗簾。所有的東西都是簡單而乾淨，只是比例與透視有點奇怪，扭曲得像是梵谷房間的畫一樣。

房間裡比較特別的是那台小型的巴揚手風琴（Bayan），玳瑁紋的手風琴有著漂亮的金屬邊框。我把它拿起來背在身上，手風琴雖然小巧，但遠比我想像的沉重，左手的八個白色圓形的鍵紐在油燈下看起來閃閃發亮，右手的部分少了兩個鍵鈕，只剩下十九個。我試著彈奏它，但不是很成功，手風琴只能發出一些皺著眉頭的音符，同時揚起了一陣灰塵。

我想起有一首手風琴的曲子叫《El Amor Amor》，這首歌我曾在路邊聽流浪歌手（Troubadour）與吉普賽人唱過幾次，印象很深刻，我想我以前是記得歌詞的，但現在只想得起前面幾句。

「都是因為愛情愛情，愛情讓人生充滿樂趣和歡笑；當我在派對歡樂時，我都忘記了死亡……」

《El Amor Amor》的音調明快而簡單，我哼了一下它的曲調後唱出歌詞，試著用手風琴找出正確的音調。這個時候，一個黑眼睛，看起來很瘦小的小女孩敲了敲門，低著頭出現在門口，她穿著寬鬆的衣服，看起來不到十五歲的樣子。

「晚安先生，打擾了。我叫做娜塔莉亞（Natalia），是這幾天負責照顧先生您的。」她的黑眼睛看著我的臉孔，用有點奇怪的口音生澀地說。

「晚安，娜塔莉亞。」我放下手風琴，說了我的名字，然後叫她坐在椅子上，自己坐在床上。「我想請問一些問題。」

「好的。」她說。

「瓦尼塔斯沒有電嗎？」我指指牆上像兩個骷髏眼睛的插座問，我知道應該沒有。

「這裡已經很久沒有電了，聽說在革命前還有，一天幾小時。但現在已經完全沒有了。」她說。

「這個巴揚是誰的。」

「這是我父親的。」

「噢，抱歉，我自己拿起來看了一下。」

「沒關係，我也不知道怎麼讓它發出聲音。爺爺也不肯教我。」娜塔莉亞說。

「爺爺說它失去力量了，不肯發出聲音。」

「爺爺？」

「嗯，就是爺爺。」她看了門外一眼，我想她指的應該是老釀酒師吧？

「那現在村子還有別人嗎？」

「我母親還沒回來，下個月才會回來。」

「你父親呢？」

「父親很久以前就離開到外面去了，但爺爺說他有一天會回來的。」她說。

娜塔莉亞留下了一壺水、白色的蠟燭、和幾根煮過的玉米給我。她走後，我拿出隨身帶的《佩德羅．巴拉莫（Pedro Páramo）》，在油燈下看了起來。這本書是講一個男人到墨西哥一個村落去找他父親的故事，和我現在的處境有點微妙地相似。不過仔細想想，**許多故事不都是在說一個人到另外一個地方去尋找什麼嗎？**《魔笛》是這樣，《愛麗絲夢遊仙境》也是如此，而《煉金術士》與《尤利西斯》不也都是嗎？我看了一會兒，有點睏意，但因爲不想站起來，於是就像馬其頓的亞歷山大一樣把書墊在枕頭下面，吹熄了油燈。

《佩德羅·巴拉莫》是前一陣子認識的女人給我的，某種意義上她還不是我的女朋友，而且可能永遠沒有辦法成為我的女朋友了。她是黑眼濃髮，有一點特異的感應體質，做愛時身上會散發一種類似獸皮、肉乾、牛肝菌的氣息的女人。那個氣息有點像是某種春藥般，常常會讓我非常著迷而無法自己。如果用酒來形容的話，她就像是某些濃郁的廣域勃艮第或是上夜丘的紅酒，有著不為人知的過去，也像是《巴別塔圖書館》裡面的費解難懂的謎語，有著奇妙的、無窮、有韻味的神秘感。

「我想我們不會再見面了。」女人說。

「怎麼了嗎？」

「因為到時候某種意義上你已經不是你了，所以我也會變得不是我。你懂我的意思嗎？」女人說。

「我不懂，我只是離開這裡一陣子，之後就回來了呀。」

「這不是時間或空間的關係，而是更深一層的本質問題。」她用了一種望著俗世的憐憫表情看著我。

「本質？難道我會和格里高爾·薩姆撒（Gregor Samsa）一樣變成甲蟲嗎？」

「某種意義上，是的。」她點了點頭，無視我驚訝的表情看著我的眼睛，然後冷靜的說：「就像古老的比喻一樣，赫拉克利特（Heraclitus）望著河裡的倒影，想著這條河已經不是原來的河了，因為裡面的流水已經不一樣了；而他自己也不是原來的赫拉克利特了，因為從上次看到這條河到現在，他已經變成另一個人了。」

「濯足流水，水非前水，大江東去，逝者如斯，這些都只是哲學上的概念吧。」我故作輕鬆地重複著教科書上寫的句子說。

「你每天早上睜開眼睛醒來時，你會想起你自己，在那一瞬間你會找到你自己，裝模作樣地扮演你自己，然後到達下一個睡眠，從今天走向明天。或許你會覺得你就是你自己，你自己就是你，但是其實在某種程度上，你每天早上醒來都會稍有不同，你看待事情也會變得有點不一樣，世界也變得不一樣，宇宙的時間流動也不同。」她說。「只是你自己沒有察覺到而已。」她說。「如果你可以把同一天重複活過幾次，你就會了解我的意思了。」

「重複活過幾次？聽起來很奇怪啊，如果是這樣，那我去不去不就都一樣嗎？」

「不，你是一定會去的，這是你的天命，是一個已經決定好的事情，你自己知道的。」她說。

「那你和我一起去吧，我的……旅費應該是非常足夠的。」

「不，我沒辦法。去那裡是你的天命，不是我的。我只是在幫助你達成你的天命而已。」她一面看著身旁的吊燈，彷彿是在自言自語一樣。「而且……因為你自己也是條河流，所以只能日以繼夜地流動著。」

我沒有說什麼，只是也隨她看著身旁昏黃搖曳的巨大吊燈，想像站在橋上看著一望無際的河水從天邊流向我，然後再流到遠方大海的樣子。

半夜的時候開始下起雨來，裹著毯子還是有點寒意。可能這是一個沒有星星與月亮的夜晚吧，一點光線都沒有，我睜開了眼睛，除了黑暗，什麼都看不到。我可以聽見窗外的一些像是蟲鳴又像是夜鶯的聲音，但不知道爲什麼，伴隨著催眠般的雨聲，聽久了變得像是一種像是空氣震動傳來的對話，所有的事情都不太眞實，一切都像是個隱喻，我們也是裡面的一部分。我張大了眼睛，但就像在洞穴裡一樣，我什麼都看不見。

「……孩子，離開這裡能做什麼呢？」老釀酒師的聲音。

「繼續種葡萄，釀酒吧。」一個年輕男人的聲音。

「這裡和那裡，有什麼不同嗎？」

「上帝對所有事情都是公平的，所有的葡萄一年就只有一次的機會。」年輕的聲音說。「但在這裡一切像是永恆的，上帝仿佛讓時間忘記了這塊地方。如果這樣一直下去的話，現在的現在、過去的現在、與未來的現在，都會變得一樣而沒有意義的。」

「但還是不同的，不是嗎?另外，這不應該是一段時間，而是很多很多的分歧時刻的總和。」老釀酒師說。

「是的，老師（El maestro），我知道時時刻刻都是不同的。而且我一直相信您說的，聽大地與天空的聲音釀酒，是個偉大、謙卑而靠近上天的事情。您可以在無盡的時間中，一個年份一個年份慢慢地等待，慢慢的做出你要的酒，慢慢的收集，然後表現出萬物應該呈現的樣子，但我沒有辦法。」

「爲什麼呢？」老釀酒師說。

「生命是有限的，而且葡萄酒是要能被喝的。我不只想要做出好的、屬於這片土地的酒而已。我想要讓做出來的酒被世人們喝到，我希望它被了解。世人希望喝酒，酒希望被世人所喝。就像人找到聲音，聲音找到人一樣。」

「唉，**葡萄酒是要喝掉**……好吧，我知道了。只是這是一條凡庸的道路，遙遠而漫長，你必須要明白，這是沒有辦法的事情。」

「謝謝您的諒解，老師。」

「你可以離開這裡，但是不能走你來的那條路回去，也不能對別人提到瓦尼塔斯的事情。」

「這個沒有問題，我答應您。」年輕男人說。

「孩子，如果你一定要離開，那就讓我這麼說吧，不管你離開這裡之後會變得怎樣，最終你還是會回到這裡，因爲……根本沒有……在這瓶酒……時候……帶著外面的聲音……」

「知道了……我……」

如雨聲般的模糊對話變成像是如對話般的模糊雨聲。夜鶯還是咕咕地叫著，雨水從窗台上淅瀝淅瀝的打在石板地上。我張大了眼睛，但還是像在洞穴裡，周圍一片漆黑，什麼都看不見。那種存在感如幻似眞，就像是**做了一場醒著的夢**。

「先生，先生……」娜塔莉亞的聲音，我睜開眼睛。

「早安。」我說，然後急忙拉上被子蓋在身上。

「不好意思打擾了，我敲了一陣門。爺爺想請你到田裡面去。」娜塔莉亞低著頭說。

「好的，妳等我一下。」我掙扎地想站起來，但身體沉重得像綁了一塊鉛，耳膜有點漲漲的，眼睛看到了一些類似影子和炫光的東西，我覺得整個人有點虛弱。

「先生，你不要緊吧？你看起來臉色很差。」

「我沒事，走吧。」我勉力吸了一口氣，精神恢復了一點。

娜塔莉亞帶我經過了昨晚走過的那個很長的走廊，我們出門到了一個小院子裡，院子的角落有兩個墳墓依靠在一起，但看起來就像是一大一小的兩個土堆，自然起伏像是庭院景色的一部分。我從院子門口向外看，整個村子不大，大概只有不到十戶人家，所有的房子都有點陳舊。我停下來轉頭四處看了一圈，可能是昨天晚上天色太黑沒注意看吧，這個村子周圍都是葡萄田，一望無際地延伸到高聳的安第斯山邊。葡萄田中都是肥碩、巨大而略微枯乾的老藤，每一株都比人還高。乍看之下就像是數不盡的人舉起手朝向天空哀嚎，在田野中扭曲掙扎，然後一面向村中奔跑而來。

曾經看過一部僵尸片裡面就有類似這樣的駭人景象，像是個末日的預言。

「很壯觀吧，每天我看第一眼時都還是感到很震撼。」老釀酒師看著我的表情說。

「是的，老師。」我也用了姨父的方式來稱呼老釀酒師。

「最早是西班牙人在這裡種的葡萄，後來是法國人，然後義大利人、普魯士人也來了。經過了很久很久，就變成這樣的景象。」老釀酒師帶我一面走進葡萄田裡面。

「這裡的葡萄藤都是多大的歲數了呢？」

「超過兩百年以上的老藤才可能有這麼粗的主幹，而這一批是大瘟疫之前法國人和義大利人從歐洲過來時種的。這都是沒有染過病的葡萄藤。」我想他說的大瘟疫應該是指根瘤蚜蟲病的事情吧。

「爲什麼這裡的葡萄藤都長得這麼高呢？」我指著身旁的一顆問。

「可能是這裡的風土比較特別緣故吧，這裡是時間交界處，像世界盡頭的地方。」大師說了一些令人費解的話，同時加上了幾個我聽不懂的詞語。

「那這些都是什麼品種？」我問。

「馬爾貝克（Malbec）和伯納達（Bonarda），這兩種是最適合聆聽與吸收聲音的葡萄品種，尤其是馬爾貝克，從法國過來的馬爾貝克。」

「吸收聲音？」

「門多薩從四百年前就開始種葡萄了，但一直沒有人重視這裡。」老釀酒師無視我的問題，自言自語地說著。

「嗯嗯。」我點了點頭，看看老釀酒師的白灰色的帽子，等待他繼續說下去。

「這是一個沒有人關心的地方，沒有人在意這片土地、這裡的高山、這裡的風、這裡的雨水、這裡的靈魂、還有這裡的聲音，幾百年來都是這樣。**所有的人都只是想拿了東西就離開**，英格蘭人、西班牙人、義大利人、普魯士人、美國人都一樣。這裡的聲音被忽視，幾百年來都是如此，這就是殖民地，這就是殖民主義。**像是一株沒有根的葡萄藤，漂浮在半空中。**」

「原來如此。」我確實還蠻常說這句話的。

「或許他們可以用很好的橡木桶，巨大的攪拌器，像魔術般可以飛上天空的機器，用各種最新的技術，做出他們要的味道來，但是裡面卻沒有門多薩的聲音和靈魂。」老釀酒師喘了口氣說。「**這就是所謂殖民地的酒，裡面沒有土地的聲音和靈魂。**」

「土地的聲音和靈魂啊。」我順著老釀酒師的話，讓他可以繼續說下去。

「是的，但或許也沒有關係吧，許多人連自己有沒有生命和靈魂這件事都是不知道的。」老釀酒師有點失望地說。

我們在葡萄藤間走著，但由於葡萄藤有點太高了，我們反而像是在樹林裡散步一樣。今天上午的陽光耀眼而炫目，可能這裡是高原的緣故吧，太陽的大小也比別的地方大了一些。葡萄藤上還有些殘花，但很多部分已經開始坐果，青色的小果實縮在巨大而粗壯的葡萄藤之下，比例變得很奇怪，看起來像是另外一種植物的樣子。要不是我的虛弱與不舒服是如此的真實，我會覺得我現在應該是在做著一場醒著的噩夢。

我摸了摸身旁一株老藤的紋路，老藤的紋路深刻而複雜，看起來像是由一張一張人臉構成的，只是每個人的表情都很怪異而痛苦，像是許多孟克的《吶喊》裡面的人。可能是太陽太大的緣故吧？我感到一陣暈眩，用手遮著眼睛，娜塔莉亞走過來攙扶著我，我覺得我的身體非常的輕，我不覺得我正踏在地上，我覺得我是浮在地上的。我覺得有點暈眩，難以思考，意識像沙盤中的沙一樣難以集中。我感覺有無數的目光落在我身上，所有的葡萄藤上面的臉都皺著眉頭懷疑地看著我。我的影子看起來很蒼白，踡伏在地上像是另外一種生物一般。「爲什麼？爲什麼？」我彷彿能聽見葡萄藤們的聲音，它們正在吱吱喳喳的在討論我的事情。

我想我是暈了過去。

「迅速衰弱下去了呀。」姨父的聲音。

「這樣下去他就某種意義上的回不去了。」大師說。

「所以，這樣做還是太勉強了嗎？」

「當然，這不是每一個人都可以做到的。」大師說。「有些人雖然活著，但其實已經死了；而有些人死了，卻永遠活著。」

「那我們該怎麼辦呢？」

「我們沒有辦法。我問你，什麼是生？什麼是死？」

「我不知道，有時候我覺得沒什麼不一樣。」

「你覺得你活著嗎？不是的，事實上，你每天都在死去。你每天都死了好多次，但與此同時，你每天也都在不斷地復活。」大師的聲音繼續說。「昨天的你已經消失不見，今天的你只是昨天的你的一種複製品。你帶著被設定好的記憶，在重新閉上眼睛之前的有限時間中，你演了一部你自己的戲。」

「所以老師您的意思是？」

「科學不斷進步，就只會發現更多的謎團，更多的不可知。就像在巨大黑暗的空間裡，把身邊的燈打開，只會看到更多的黑暗一樣。宇宙總是有數不盡的奧秘是無法被了解的，只是我們連這樣的奧秘的存在都不知道而已。」大師頓了一下，然後說。「連問題都不知道是什麼，怎麼會有答案呢。」

「所以您信奉上帝。」

「噢，上帝。上帝的存在是無法被了解的，可能永遠都是這樣，或者說起碼現在是這樣。因此雖然我信奉上帝，但我同時也覺得信奉上帝是一個權宜的方式。」

「權宜的方式，你的意思是什麼呢？」

「因為無法了解宇宙，所以信奉上帝。」大師接著說。「例如這瓶酒，為什麼要透過酒來傳達世界的聲音？我也不瞭解。但我只知道酒可以傳達世界的聲音而已，我的天命就是傳遞它們。」

娜塔莉亞扶著我走到田中的一塊岩石上坐了下來，田中那塊岩石在葡萄藤中間像是大海裡的孤島，應該是很久以前就一直在這裡的樣子。老釀酒師也跟著走了過來，臉上充滿了憂愁。

「到這裡就好了，要喝點水嗎？」娜塔莉亞說。

「沒關係的，我坐著就好了。」我深深地吸了一口氣，像是溺水的人得救一樣咳了起來，但感覺確實好多了。起碼陽光還在，空氣進入我的肺裡，我的心臟還在跳動。

「孩子，老藤身上都有數不盡的深邃而扭曲的紋路，**那些都是生生世世的故事**，都是這片土地、這群人、這個世界的聲音刻畫形成的。我忘了告訴你，最好不要盯著這些紋路看，看了你就會進到裡面，漸漸地虛弱而失去你自己。」

「進到裡面去？」

「**就像小說家沉浸到自己的故事、演員沉浸到扮演的角色、畫家進到畫中的世界一樣**。」老釀酒師說。「這是一條不歸路，一去就沒辦法回頭了。」

我的意識清楚了許多，我點點頭，表示明白。娜塔莉亞從水壺倒了一杯水給我，我喝了一口，低頭休息了一下。

「你知道釀酒師最重要的工作是什麼嗎？」老釀酒師看著周圍的老藤說。

我抬頭看著他搖搖頭，表示不明白。

「**釀酒師要做的最重要事情其實就是去聽大地的聲音，然後把這些聲音釀成酒**。有人說葡萄酒是大地的血液，其實就是釀酒師藉由葡萄，把大地的聲音萃取出來的意思。」

「嗯嗯。」我點點頭表示同意，但又不禁暈眩了起來。

「讓他休息一下吧！爺爺。」娜塔莉亞試圖阻止釀酒師說下去。

老釀酒師左手一擺，完全不理會娜塔莉亞繼續說。「就像我昨天說的，在瓦尼塔斯，聲音會找到想聽的人，而想聽的人也會找到聲音，有一些聲音甚至是幾百年前就留下來的。你黃昏的時候抬頭看看，天空堆積如煙似霧的黑雲，這其實就是這些聲音與意念，它們會在這裡一直等待著、累積著，直到想聽的人出現，或者緩緩地被這些老藤吸收爲止。」

「那像是幽靈或是咒念這樣的東西嗎？」我發出像是呻吟一樣的聲音說。

「不，只是聲音與意念而已。」老釀酒師看著我的臉露出一個擔心的表情，對娜塔莉亞搖了搖頭，然後又點了點頭說。「算了，我們還是先離開這裡吧，你最好回房間裡休息一下。」

「你在嗎?」女人的聲音。

「朝我的方向,呼喚我的名字。」她接著說。

由於我不知道那邊是她的方向,於是向每一邊都呼喊了一次。

釀酒師點上兩支新的蠟燭,然後把燭台放在桌上,周圍變得明亮而溫暖了起來。

「睡了一下,感覺好一點了嗎?」

「應該是好一點了,只是我一閉上眼睛,就會看到老藤上面數不盡的皺紋。」我說。「總感覺會有點頭暈眼花。」

「那你可能永遠都無法適應這裡吧。」老釀酒師說。「不同時間的東西本來就不應該在一起。」

「就像混著冷水與熱水一起飲用。」我說。

「是的,就像是這樣。」老釀酒師點點頭,拿起了桌上的酒遞給我。

「我們不是過幾天才喝這瓶酒嗎?」我說。

「它還是很疲倦，還沒有完全恢復。只是我擔心它恢復的時候就已經太晚了。」老釀酒師露出擔心的眼神，我知道他是在擔心我的身體。

我點點頭，把酒瓶上紙包的封套除去。這瓶酒並沒有酒標，只是用白色的油畫顏料在瓶身寫著一行潦草的西班牙文。我把酒遞回給老釀酒師說：「這上面寫著姨父的字，應該是他想要告訴你的事情。」

「百年孤寂（Cien años de soledad）。」老釀酒師露出很讚賞的表情說：「這是給酒取的名字嗎？這真是個好名字，**一瓶叫百年孤寂的酒，說盡了時間和所有的故事**，哈哈哈。」

說完，老釀酒師拿出酒刀，像是魔法一樣，絲毫不費力地把酒塞拉了出來。接著用了一個非常非常緩慢的速度倒了一小杯放在自己面前，不聞也不喝，只是透過油燈看著它的光澤，緩緩的搖著。

「你來是對的，現在就是最適合喝的時候。去年還不夠好，但過了今年就會開始走下坡了。」老釀酒師用一種在對老情人說話的語調，但或許他是在說給酒聽的吧？我不知道。

老釀酒師倒了一杯給我，然後在自己的杯子又加了一點酒，拿起酒杯來喝了一口。老釀酒師看著我的眼睛，他也和姨父一樣，問了每個釀酒師都會問的問題。

「孩子，你喝一下這杯酒，告訴我你的感想。」

我喝了一口，然後吸了口氣，又喝了一口，再確認一下。這是我和姨父一起喝過的那瓶酒，我入口就知道了。我知道，這個歌聲不是幻覺、也不是回憶、不是催眠、也不是Déjà vu，這是現在確實正在進行的事情，是發生過的事情的重現，同時也將是未來會發生的事情。**這是一個開始，是一個經過，也是一個結束，這是一個原型，是一個永恆的迴歸，也是無窮盡地週而復始**。像是餅乾的模子，版畫的版，山洞頂部的壁畫，從遠古之前，在地還是空虛混沌，淵面也還黑暗不明，神靈運行在水面上的那個時候就開始了，彷彿在說它本來應該就是這個樣子的。

「像是要看開了些事情一樣。」我說了對姨父說的一樣的話。

「看開了？」老釀酒師驚訝地說。

「某種程度上你必須放手了，必須讓它走了。」我說。「一切就像是一首歌。」

「什麼意思。」

「就像是萬物流浪、物換星移，但所有的事情最終還是原來的樣子，原來的本質，就像是……」然後我哼了那段威廉．布萊克如歌的旋律。我又說了那段漫無邊際、不著頭緒的話，我覺得這好像不是我說的話，似乎沒有經過我的大腦就成為言語，**我說了就是酒自己要說的話**。

不知道為什麼，老釀酒師露出一個非常歡喜的表情，然後表情僵在那裡，在燭光照射下熠熠發光。然後不知道是過了多久，可能是五秒般的一小時或一小時般的五秒，他哈哈哈大聲的笑了起來說：「原來如此，原來是這樣的，言語凝聚成歌，音樂與百年孤寂。**你們不問我，我可能是知道的；但你們問我，我就不知**

道了……這些都是超脫於時間之外的事情啊，哈哈哈哈……」

他的眼中放光，笑聲洪亮，笑得時候像是大地與空氣會一起晃動，我可以明顯地感受到桌面酒杯與酒瓶的震動。我抬頭一看，房子的牆壁與天花板早就不知道消失到哪裡去了，空間中只剩我們的桌子、地板、與天空，我們直接被厚重的烏雲籠罩著，烏雲無聲地環繞我們快速旋轉著。

氣壓一瞬間變得很高，所有的混沌雲霧壓在大地上，天空非常低，仿佛伸手就可以觸及。在他的笑聲帶領之下，無數的聲音像雪花從從空中飄了下來，男聲、女聲、老人、小孩、西班牙語、葡萄牙語、義大利語、德語、荷蘭語、希臘語、英語，累積了數百年的話語在這個時候一起說了出來，不斷地在議論什麼，所有人都在大聲說話、暢所欲言。聽起來像是在辯論著什麼，又像是在各說各話，語氣中盡是歡喜讚歎，非常的熱鬧與吵雜。

在那些聲音中，我彷彿還能隱約地聽見老釀酒師還在說：「百年孤寂，眞是個好名字。」姨父說：「死亡與慾望並存。」赫拉克利特則說：「人不能兩次踏進同一條河流。」然後波赫士接著口述：「時間是一個根本之謎，其他事情最多只是難以理解。」馬奎斯則說：「那個時候的世界太新，許多事物都沒有名字，描述它的時候還必須要用手指。」還有威廉．布萊克在朗誦著：「在一粒沙中見到世界，而天堂就在一朵野花中（To see a world in a grain of sand. And a haven in a wild flower.）。」我在這麼吵雜之中還能聽到這些聲音，我知道，其實是這些聲音找到了我，它們希望讓我聽見。

但這數千萬、數億萬個聲音實在太大、太多、太雜、太飽滿了，像是葡萄汁發酵的微小氣泡從槽底持續紛亂地湧出，還沒有形成秩序與規律，也還沒有匯集成像合唱歌聲般的巨大洪流。「天開了！天開了！」他們紛紛地用不同的語言大聲地吶喊著，這些聲音讓我難以忍受，我不禁用雙手遮住耳朵、緊閉雙眼、張嘴大聲吶喊，但是完全沒有用，那些聲音像是有生命的潮水一樣，從我的手指、鼻孔、嘴巴、頭髮與肚臍進到我的身體，滲入我的靈魂裡面。

老釀酒師像是完全沒有受到影響，他只是張開雙手抬著頭看著天空，歡喜陶醉的神情像是擁抱什麼神奇的時刻來臨。我覺得我快要瘋狂了，我快要控制不住了，我快要變得不是我自己了，我沒有辦法再忍受任何一秒鐘了。就在這個時候，四周忽然暗了下來，燭火熄滅後，聲音也緩緩地消失了。

黑暗之中闃無人聲，只剩下一點微弱遠去的歌聲，伴隨著風像刀一樣刮著我的雙耳。

* * * *

我醒來的時候是下午三點左右吧，太陽掛在遠方的天空中，四周連空氣的聲音都沒有。幾隻蒼蠅執著地在我的嘴唇附近爬動著，像是在品嚐美味的葡萄牙醃鯷魚一樣。我用手擦了一下嘴唇，我的手上充滿了汗水的鹹味，身體像剛從海底進化到陸地上的生物般，感覺非常沉重。

我躺在娜塔莉亞房間的地板上，身上都是灰塵。她的房間陳設沒有什麼變化，只是一切陳舊了許多，那種梵谷房間的扭曲感消失了，看起來就像是很久沒有人住的廢棄空間。我在桌上看到那瓶「百年孤寂」和手風琴。巴揚看起來破舊不堪，白色的小琴鍵鈕脫落四散，風箱的皮也剝離得很厲害。而「百年孤寂」看起來並沒有被打開過，只是裡面的酒剩下不到一半左右，看起來就是被天使喝掉了的樣子[28]。

我從背包中拿出老酒酒刀，花了一點工夫才將老舊的軟木塞從瓶中完整地取出。從廚房中找到一個充滿了灰塵的杯子，用我的衣服仔細地將杯子擦拭乾淨，聞了下杯子，確認杯中沒有任何味道後，我拿著酒瓶和杯子走到房子外面。

戶外還是非常的炎熱，巨大的安第斯山脈聳立在遠方，像是一個顏色過於鮮艷的佈景，一切的一切都像是場虛幻的夢境，我只是還沒醒來而已。村子四周被許多荒廢的葡萄田圍繞著，數不盡肥碩而扭曲的老藤四散在田裡，但這些老藤都已經乾枯多時，沒有生命了，只剩下原來的姿態留著原地，像是有人按下了時間停止開關一樣。

我從瓶中倒了半杯葡萄酒給自己，走到庭院角落的土堆旁，把剩下的酒倒在大的土堆上面，然後想了一下，也倒了一點在小土堆上。我對著空氣中安靜地說了一聲 Salud。喝了一口酒，閉著眼聽了一下如歌的聲音，再喝一口，確認歌聲還在。

我坐在門前，翻著還沒看完的《佩德羅．巴拉莫》，想著我現在是不是還是我自己的問題，想著時間、宇宙、生與死、回去的路、女人和她身上的味道，然後靜靜地等待夕陽和魔幻時刻的來臨。

「像是飲了一首歌。」

這瓶酒喝起來確實就像在安靜地聽著一首歌，微弱的聲音會在耳畔響起。那是一首裡面似乎包含著千言萬語，但又安詳和諧的歌曲，像是全世界的人們在宇宙的另一邊呼喊著一樣，那是另外一個世界。或許就像某位哲學家所說的，音樂和旋律不是某種附加給世界的東西，音樂沒有空間，音樂本身就是一個世界。

這瓶百年孤寂展現了這個地塊上的風土特色，就像它本來就應該是如此的一個表現。雖然不見得平衡安穩，但喝起來有著極為豐富的味道與過多層次的口感，彼此融合、連續而緊密，像是而無邊際的光譜或是通往宇宙的銀河長城一樣，沒有可以區別單獨顏色或個別味道的空隙，我們只能聽到、看到、喝到一整個整體。正如一首由聲音與樂器組成的交響曲所共同傳達的和諧意念，當諸般意念紛呈的時候，就會像首歌一樣——一首和諧的歌。

註

25 白葡萄酒不一定是白葡萄做的，使用紅葡萄酒也可以做出白葡萄酒來。差別在於工藝流程上的不同。

26 青蛙是薩拉曼卡大學巨大的大門上的一個圖案，有別于騎士、花朵、戰爭、冒險的主題，這是一個帶有玩笑色彩的圖案，象征死亡與慾望並存。有個傳說是如果你能在這個大門上找到青蛙，那麼考試就會無往不利。因此薩拉曼卡大學學生入學的第一件事，就是在這個個四層樓高大小的大門上面找青蛙。

27 威廉．布萊克（1757-1827），英國神秘主義詩人與畫家，浪漫主義與象徵主義的先驅。

28 這句話的意思是指Angel's Share，指酒在正常存儲的過程中，也會產生略微蒸發減少的現象。

後語・多重的人生・永恆的迴歸

我曾經認識一個女人，她有種可以夢到別人的前世與來世的能力。

有一天他告訴我，她夢到我去一個法式大宅拜訪一位白衣服的老者。老者說我的身上住了一個很老的靈魂，大概有兩百世左右了吧？只是不知道為什麼這個靈魂被蒙蔽住了，發不出聲音，像是個被布包住的大鼓。她說這件事時用了一種輕飄飄的語調，像是在囈語一樣。

「老人？」我問。

「嗯，我會夢到朋友去拜訪不同的人，像是種旅程。」

聽起來有點奇怪，我不禁抬頭看了她房間屋頂角落漏水的地方一眼。那個水漬形狀看起來像是一種生物的器官，而且總覺得今天看起來比前幾天大了點、靠近了我們點。我每次在她房間過夜，晚上睡不著時都會盯著它看。

「那大鼓是什麼意思？」我說。

「就是那種慶典用的皮製大鼓，被白色的厚麻布裹了起來。」

「那會怎樣？」

「你的靈魂一直嘗試著要訴說些什麼，而且你幾乎都快要聽到在說什麼了，但所有的東西在變成具體的言語之前就消失了，只留下絲絲的暗示和隱喻。你懂我的意思嗎。」她說。

「嗯，我想我懂。」但其實我不懂。「他還說了什麼嗎？」

「你出生過不只一次，所以你有不同名字；你不只死亡過一次，所以你會有不同的記憶。而且這些記憶片段會不時的湧現，像是泉水與靈感一樣。」

「你確定不是火山和冰川？」我半揶揄地說。

「不，是泉水與靈感。」她用黑眼珠看著我肯定地說。

「然後呢？」我說。「那個夢。」

「沒有然後了，所謂夢就是這樣沒頭沒尾的東西啊。」她笑著說說。「不過那棟大宅屋頂的顏色很漂亮，是一種沉穩的綠色，我很喜歡。」

接著我們陷入沉默，兩個人互相倒酒、擁抱做愛，沾染對方身體的氣味、把瓶中的澳洲 Shiraz 喝掉。我還記得這瓶酒的味道飽滿甜美，在果味外帶著淡淡的尤加利樹精油味與薄荷的清涼感，混著房間裡的微微的薰香和她身體深處的甜香料味，一時之間充滿了浪漫神秘的異國情調。

像是時光旅行的記憶啊，那些年我真是經歷了許多奇妙的事情。

關於氣味、靈魂、和時光旅行

我一直是個記憶不好的人，我常覺得我的記憶就像一座巨大而覆蓋著灰塵的書店一樣，而且由於書店實在太大，灰塵實在太多，使得它不只像是座巨大而持續擴建的古老建築，更像是一座不斷延伸而難以窮盡的迷宮。因爲並沒有所謂的指南針或方向牌之類的東西，我只知道這些記憶片段其實都還存在我靈魂的某處，但年代久遠，我已經不知道在哪裡了。

就像在找一本永遠都找不到的書，我常常會懷疑書是否存在。

但我有一種對氣味的 Déjà vu，在聞到某些氣味時，我的某些沉睡的記憶或片段會被喚醒，一些不完全的場景與對話會在我的腦中重建。在那個時候，我身體中的古老的靈魂（如果那是眞的）也會在這個龐大且迷宮般的書店中得到一些暗示或啟發，像是從天空射下一道光芒，我會感受到時光旅行般的違和感。在這個時候，我和我的古老靈魂會產生連接，一切就會像是得救了一樣。

這種情形在我開始認眞喝葡萄酒之後越來越明顯，當我在仔細品味世間的各種滋味時，許多意念與似曾相識的畫面與故事就會不斷地閃現在我的腦海中。我覺得我去過大草原、我到過宇宙盡頭的星球、我在阿根廷住過幾年、我是古羅馬的奴隸、也是明朝的小官，這些味道讓我覺得我曾經去過很多很多地方，經歷過很多事情，而且有可能這些我自己都還在那些地方流浪著。

後來我得到一個結論——氣味是我靈魂的窗口，可以讓我四處旅行，我會隨氣味自由地到不同的地方去。所以我變得像葛奴乙一樣的迷戀氣味，甚至我會特地爲了空氣中的某種氣味到某個地方去，而且我會沉溺其中難以自拔。

但或許一切只是我的幻想吧，關於氣味的幻想，然後把幻想當成了記憶，把記憶當成了人生。有時候我也不禁會這麼問自己。

「有一部片是這樣演的……」她像是在囈語一樣，靠在我身上說。

「嗯哼。」我隨口回答，像是個熟練的心理醫生。

「隨著鋼琴自動彈奏，每天早上醒來，每個人都會回想起自己，於是開始扮演自己，度過這一天。」她睜開眼，黑色的眼珠咕嘟咕嘟地轉著。

「你是說《西部世界》吧。」我把手上沉重的《追憶似水年華》放下來。

「嗯嗯，正是這個。」她說。

「其實你不覺得很奇妙嗎？我每天醒來都會為我是我自己這件事感到不可思議。」她說。「為什麼我不是別人，我只是我？或者我其實是別人，只是我不知道。」

「奇妙？」我用指尖撫摸著她光滑的肩膀，看著天花板的水漬。當我望向器官形狀的水漬時，器官形狀的水漬也在望著我。「你又夢到了什麼嗎？」

「沒有，我只是忽然想起你說過遙遠銀河中星際大戰的事情。」她說。

「嗯，音樂的記憶穿越了銀河來到這裡。」我說。「有著不同維度的我和遠古的宇宙戰爭。」
「對，就是這件事讓我覺得奇妙。」
「奇妙？」
「我在這裡，你也在這裡，我們同在一個時空裡面。你不會覺得很奇妙嗎？」她趴在我身上說，她的頭髮下垂半遮住了她的右眼，空氣中有種浮躁的水果發酵味。
「我們在同一張床上、我們聊天，吊燈這麼巨大，這些事情本來就都很不可思議。」我指著身旁的幾本《追憶似水年華》說。「我們總是在醒來後想起自己是誰，這本書也說了一些這樣的事情。」
「但搞不好其實我不存在，或你不存在，或是我們都不存在，這一切只是一個幻覺。都只是一個在宇宙中流浪的意念。」她忽視我的絃外之音，輕輕地握著我的右手。
「嗯，所以有時候我確實會有像是時光旅行的感覺，尤其某年夏天在巴黎吃了泡過茶水的馬德萊娜（Madelaine）蛋糕，配上保存狀況不佳的巴薩克甜酒之後。」

「哈哈哈，所以那個白鬍子的老人才會說你是一面蒙住的大鼓，沒有辦法發出咚咚咚的聲音啊。」她咯咯咯地笑著說。「音樂的記憶穿越了銀河，你真是來自另一個維度的生物。」

「但其實我還曾經覺得整個世界是由力大無窮的四隻大象支撐的，而大象站在象徵力量的烏龜的背上，烏龜又趴在首尾相銜的眼鏡蛇背上。大象不知道烏龜在想什麼，而烏龜不知道銜尾蛇在想什麼，而我們只是在龜背上的幾棟巴別塔上面互相丟石頭而已。」我是想這樣回答她的，但終究沒有說出口。

之後我們淋浴、著衣、外出，留下神秘難耐的氣味和器官形水漬在房間裡面。

我知道有一陣子她非常喜歡我，我也很喜歡她。她覺得我非常有生活態度與品味，我則覺得她有種我無法抵擋的神秘氣味與吸引力。但她說雖然她很欣賞我，但我們最多就是這一世的因緣而已，我們有各自的路要走，不應該彼此干擾長遠未來的修行。我知道的說的長遠未來其實是指許多來世的意思。

現在回想起她就像是上輩子的事情一樣模糊。

「我覺得我像是在做著昨天的夢……或者，我的昨天就是一場夢……」昏暗的燈光下，她沉醉的臉龐看起來就像是那個器官形狀的水漬一樣。「你不會覺得你的昨天就像在是在做夢一樣嗎。」

「不會呀，我覺得現在就像在做夢。」我吻了她一下說。

關於時間、世界、和寫作創作

「孩子，你知道時間是怎麼流動的嗎？」逆著光的老人讓我看不清楚他的臉。

我愣了一下，想起學校哲學老師所說的。「應該就是就是像古人所說的，時間像河流一樣，從難以捉摸的開頭，一直流到沉重而被束縛的我們身上來，然後一去不回頭。」

感覺上老人是在微笑著，他挪動了一下他脖子上掛著巨大的金牌，金牌上面的寶石閃爍著鈍濁的光芒。「空間自古以來就一直不是個問題，也不令人困擾。如果不是這裡就是那裡，不然就是沒有這裡與那裡，非常的簡單。但時間不一樣，時間一直是個未解之謎。」

「未解之謎？」我順著他的話說。

「時間不是連續而絕對的，不具有統一性與齊一性，也不是有序或直線的流動著。相反的，時間一直是處於無限而不同時，無序而多向流動的狀態。」老人緩緩地看著我的眼睛說。「你懂嗎？」

由於這句話的內容實在太複雜，單獨拆開了每個字都聽得懂，但組合起來確完全不是這麼回事。我點了點頭同時又搖了搖頭，做了個無奈的表情和手勢。庭院的遠處有兩個女園丁正在修剪著什麼，他們的和諧而又機械化的動作讓我想到舞蹈練習的黑白電影。

寫作就是一種創作，就是在創造一個世界，唯一不同的只是世界大小與清晰度的區別而已。但因爲時間多重而分歧，所以世界自然就會混亂難以收拾了。我在這裡死去、同時又在另一個地方重生；我在街頭爲了革命大聲嘶吼、我也在馬背上朝城堡舞劍衝鋒；我這次走林中右邊的路，下個同一時候，我會選擇走左邊那條。在這本書裡是二十個短篇，但其實這些可能只是同一個故事，或是兩百個不同的故事。能有這樣一本書把這些時間片段描述出來，讓不同氣味、不同人生、不同的回憶連結起來、同時出現，對我而言，是一個非常神奇的事情。如果我的第一本小說是我對我創造的世界的使命感，那麼這本書就是許多我的人生片段與時間總和。

「你知道所謂永恆的迴歸是什麼樣子？」緩緩移動的吊燈讓她的臉龐明暗不定，像是時間不斷地經過她而消失一般。

我歪著頭想了一下，感覺那應該像是一尾無窮盡的銜尾獸（Ouroboros）。銜尾獸搧動著小小的翅膀，咬著自己的尾巴，像是若有所思一樣露出無奈的眼神。

關於生活、狀態、與最後一天

四十歲之後，我慢慢相信，有一天我會到達另一個狀態。我會用更感謝與謙卑的心態去面對這個世界，那時候我的浮躁、我的驕傲、我的玩世不恭與憤世嫉俗將會留著原地，離我遠去。我常覺得我像是在站一個階梯上，我的頭腦、眼睛、鼻子與耳朵已經超越樓上地板，我看到了一個全新充滿可能性的大千世界，但我的嘴巴、雙手和身體卻還是停留在樓下，被許多事情束縛住與白色痲布蒙蔽著。因此，我還是只能**說著世俗的語言，做著現在在做的事情，走著凡庸的漫長道路，然後唱著大家都聽得懂的歌。**

呼，喝一口酒，深吸一口氣，從蘭薩洛特島（Lanzarote）到馬德拉島（Madeira），海潮緩緩流動，船舷規律地搖晃著，我閉著眼睛感受時間與海風的氣味。

我開始會感謝有陽光的日子，我相信有陽光的日子應該就是個美好的日子。我會欣賞自然的景色，停下腳步看一下樹梢隨風擺動的姿態，聽聽下雨的聲音，感受微風經過我的耳朵，聞一下路邊的花香，摸一下地上的沙黏土與花崗岩碎石土壤，我會花一點時間爲這些事物停留，然後爲此而滿足。我知道或許前面有許多世的存在，或許以後也還有幾百世還要經歷，**這將是一段漫長的旅程，直到永恆的迴歸爲止**。但即使如此，我還是會覺得活著眞是美好，我會珍惜這一刻的時光，努力保持最好的狀態，直到最後一天。

下雨天的日子裡，我會在家裡聽卡薩爾斯（Pablo Casals）或大衛．達令的大提琴。海平線把世界分成了兩半，世界不停地旋轉，**我衷心地希望我能一直保持心境的平和**。

「你會覺得我很膚淺嗎？」她一面擦著腳趾甲油一面對我說。

「嗯，是有一點。」我說，不知道為什麼所有人都會問我一些難以回答的問題。

「但膚淺有什麼不好嗎？[29]」她看著自己的腳趾頭，露出像是很滿意的表情，頭也不抬地對我說。

「很漂亮的顏色。」我試著這樣回應。但其實我覺得這並不是膚淺，膚淺只是任性的一種藉口。但無論如何，應該很少有人在旅館和男朋友做愛後裸體坐在床上一面塗指甲油，一面喝葡萄酒，然後啪嗒啪嗒地翻著雜誌吧。

關於多重人生、永恆迴歸、與這本短篇小說

雖然寫完了，但是我還是有許多故事想說。我還想說說那個把靈魂賣給魔鬼的熙篤會修士、那個爲了雜交種葡萄而發瘋的日本教授、那個被鎖在酒窖裡面的酒鬼偵探、那個舔了瓶底最後一滴葡萄酒的牛仔、SOE的名酒僞造大師馬庫斯、那段女人和器官形狀水漬的對話錄、冬天在山上聽著ECM的男孩、在哈德良長城腳下種葡萄的軍官、還有那個喝著冰涼的查克里（Txakoli）在聖·塞巴斯提安

(San Sebastián）海邊拉大提琴的男人。這些其他的片段就像是多重的人生，分歧的時間，最後會在永恆的迴歸中匯集在一起。

深吸一口氣，喝口冰涼的水，從托雷多門（Puerta de Toledo）回到東方廣場（Plaza de Oriente）。閉上雙眼，感受陽光的溫度和時間的躁動，所有的我隱蔽在其他維度的時間中繼續流浪。

好年份的加州紅葡萄酒混釀（如Cask 23、Cymus、Scramming Eagle），在飽滿的果味、酒精度、酸度、橡木桶之外，會有著強烈但熟練香草般的甜味，喝起來就像是加州生活的簡化、單純而美好。配合著陽光、矽谷、敞篷跑車、好萊塢、一〇一號公路、蝙蝠俠、高爾夫球場、帶冰塊的可樂、比佛利山莊、無邊游泳池，一切都像是條無盡的公路、夏天的海邊假期、和一部永不落幕的電影。

每次當我喝著這樣的酒時，我都會感受到溫暖陽光、如同精品的華麗氣味、還有這個世界與人類如何在本質上的被改變。在那時候，我都會衷心的祈禱著，在這個全球暖化、致命病毒、人工智慧、氣候巨變、外星人入侵、辰星會、彗星撞地球、基因改造食品充斥的世界裡，人類美好而文明的生活能永遠地持續下去。

二〇一七年九月二十三日
於 Soria 附近的長途巴士休息站

註

29 本句原話是 "What's wrong about be superficial?"

黑色費思卡——二十杯葡萄酒的意亂情迷故事集

作　　者／邱挺峰（Roy Chiu）
繪　　圖／黃昭文（JV Huang）
社　　長／林宜澐
總 編 輯／廖志墭
編　　輯／王威智
封面設計／黃昭文（JV Huang）
出　　版／蔚藍文化出版股份有限公司
地址：110408台北市信義區基隆路一段一七六號五樓之一
電話：02-22431897
臉書：https://www.facebook.com/AZUREPUBLISH/
讀者服務信箱：azurebks@gmail.com
總 經 銷／大和書報圖書股份有限公司
地址：248020新北市新莊區五工五路二號
電話：02-89902588
法律顧問／眾律國際法律事務所　著作權律師／范國華律師
電話：02-27595585
網站：www.zoomlaw.net
印　　刷／世和印製企業有限公司
定　　價／新台幣四五〇元
初版一刷／二〇二三年一月
ＩＳＢＮ：978-986-5504-57-1（平裝）

國家圖書館出版品預行編目（CIP）資料

黑色費思卡：二十杯葡萄酒的意亂情迷故事集 = Fetească Neagră : twenty glasses of story / 邱挺峰（Roy Chiu）著 . -- 初版 . -- 台北市：蔚藍文化出版股份有限公司, 2023.1
面；　公分
ISBN 978-986-5504-57-1（平裝）

863.57　　110015599